烂泥沟金矿三维地球化学与构造控矿机制

Three-dimensional geochemistry and tectonic control mechanism of the Lannigou gold mine

郑禄璟　左宇军　郑禄林
夏　勇　谭亲平　著

重庆大学出版社

内容提要

本书以滇黔桂“金三角”矿集区典型的断控型金矿床烂泥沟金矿为例，从矿床成矿地质背景、矿床地质特征、成矿物质来源、成矿流体性质、矿体富集规律、成矿构造控矿因素及成矿条件等方面，以三维空间视角探讨了烂泥沟金矿成矿物质来源、成矿流体通道、构造控矿特征及矿体富集规律，并结合成矿动力学背景，揭示了金的成矿作用过程及沉淀机制，建立了烂泥沟金矿床成矿模式。本书尤其从三维空间角度，结合了矿区地震剖面、广域电测法等物探研究成果，提出了矿区“三级构造”格架体系，运用大数据建立了矿山三维可视化模型，为矿区深部和外围找矿提供了理论依据。

本书可为从事矿产勘查、构造地球化学、三维模型建立、金矿地质等工作的专业技术人员和高等院校师生提供参考。

图书在版编目(CIP)数据

烂泥沟金矿三维地球化学与构造控矿机制 / 郑禄璟等著. -- 重庆 : 重庆大学出版社, 2024.2

ISBN 978-7-5689-4327-7

Ⅰ. ①烂… Ⅱ. ①郑… Ⅲ. ①金矿床—三维—地球化学—研究—贵州②金矿床—控矿构造—研究—贵州 Ⅳ. ①P618.51

中国国家版本馆 CIP 数据核字(2024)第 017435 号

烂泥沟金矿三维地球化学与构造控矿机制

LANNIGOU JINKUANG SANWEI DIQIU HUAXUE YU GOUZAO KONGKUANG JIZHI

郑禄璟　左宇军　郑禄林　夏　勇　谭亲平　著

策划编辑:荀荟羽

责任编辑:张红梅　　版式设计:荀荟羽

责任校对:邹　忌　　责任印制:张　策

*

重庆大学出版社出版发行

出版人:陈晓阳

社址:重庆市沙坪坝区大学城西路 21 号

邮编:401331

电话:(023)88617190　88617185(中小学)

传真:(023)88617186　88617166

网址:http://www.cqup.com.cn

邮箱:fxk@cqup.com.cn(营销中心)

全国新华书店经销

重庆升光电力印务有限公司印刷

*

开本:720mm×1020mm　1/16　印张:12　字数:172 千

2024 年 2 月第 1 版　　2024 年 2 月第 1 次印刷

ISBN 978-7-5689-4327-7　定价:78.00 元

前 言

贵州烂泥沟金矿床位于扬子陆块与华夏陆块两个构造单元接合部位，是滇黔桂“金三角”矿集区典型的超大型断控型金矿床。长期以来，国内外学者对该区域卡林型金矿床采用多种手段进行了大量研究，在矿床成因、成矿物质来源、成矿年代学等方面取得了相应成果，但是以往研究多聚焦于微观和“二维”层面，在三维空间上对矿区构造格架、成矿流体来源、矿体空间分布特征及规律等的研究仍较为缺乏。基于此，本书以三维空间角度对矿区构造格架、成矿元素分布规律、流体包裹体温度场等方面进行了系统研究，探讨了贵州烂泥沟金矿床成矿物质来源、成矿流体性质、演化及富集规律、成矿构造控矿因素和成矿条件，并结合成矿动力学背景，揭示了金的成矿作用过程及其迁移富集沉淀机制，建立了矿床成矿模式。本书的出版希望能起到抛砖引玉的作用，为促进黔西南布依族苗族自治州卡林型金矿找矿及相关研究贡献微薄之力。

本书共9章：第1章主要介绍了该研究的现状、研究的主要意义、拟解决的关键科学问题，并阐述了研究思路及方法、研究的主要创新点。第2章主要介绍了区域成矿地质背景和成矿条件。第3章主要对烂泥沟金矿床成矿地质特征进行了介绍，重点对控矿构造特征及蚀变类型进行了阐述。第4章利用广域电磁法和地震等物探结果进行了解译并经钻探进行了验证，提出了矿区“三级构造”格架体系；采用矿山三维软件Surpac建立了三维控矿构造模型和三维岩石质量指标（RQD）模型并进行了空间分布特征及统计分析；结合区域地质背景及矿区地质特征，推测矿区内主要经历了5个构造演化阶段。第5章采用统计学软件SPSS对9 364个矿化样品进行了统计分析，利用矿山三维软件Surpac对215个钻孔、67 770组化验数据进行了成矿相关元素（Au、As、Hg、Sb、S）三维建模分析，成矿相关元素的空间分布均严格受限于控矿构造，同时介绍了流体包裹体热晕场三维空间分布特征。第 6 章采用电子探针（EPMA）、扫描电镜（SEM）、激光剥蚀（LA）等方法对烂泥沟金矿构造破碎带和围岩进行了岩石化学、岩相学、矿物组成、黄铁矿组成及形态学等系统的构造地球化学研究。第 7 章分析了成矿流体具有岩浆来源特征，在沿深大断裂迁移过程中存在明显的盆地流体和大气降水的加入，从而形成了具有混染特征的成矿流体性质。第 8 章提出了烂泥沟金矿床成矿模式，并提出了烂泥沟金矿的两期热液作用成矿模式。第 9 章对取得的主要研究成果进行了总结。

本书是笔者自 2009 年参加烂泥沟金矿工作以来，在工作中不断总结、提炼、思考以及主持或参加一系列科研项目成果的汇总，相关研究得到了贵州锦丰矿业有限公司、贵州大学、中国科学院地球化学研究所的资助，在此表示衷心感谢！

由于笔者研究水平有限，书中难免存在疏漏，敬请同行、专家、学者批评指正。

著 者

2023 年 8 月

目　录

第1章 绪 论

卡林型金矿(Carlin-Type Gold Deposit)是指产于碳酸盐岩建造中的微细粒浸染型金矿床,因20世纪60年代初期在美国西部内华达州的卡林镇发现而得名,随后在该区发现大量与此具有相似特征的金矿。卡林型金矿床金矿的年产量占全球年产量的8%左右(Frimmel,2008),主要集中在美国内华达州中北部和中国西南部的右江盆地(Muntean,2018),内华达州卡林型金矿床是仅次于南非金矿床的世界第二大金储量矿床(约7 930 t)(Cline et al.,2005;Berger et al.,2014),右江盆地卡林型金矿床金储量超过900 t(刘建中等,2020),是全球第二大卡林型金矿床区。美国和中国的卡林型金矿床具有很多共同特征,比如,赋矿围岩(碳酸盐岩)、热液蚀变(硅化和硫化)、成矿元素组合(Au,As,Sb,Hg,Tl和Cu)、金的赋存状态以及矿物共生组合(石英、方解石、雄黄、雌黄、辉锑矿等)(Cline et al.,2005;Peters et al.,2007;Su et al.,2009a;Cline et al.,2013;Xie et al.,2018b)。

美国卡林型金矿主要分布于内华达州和犹他州,主要包括Carlin、Getchell、Battle Mountaine-Eureka、Jerritt Canyon和Alligator Ridge成矿区(带),80%以上金矿分布在以上5个区带中(Drews-Armitage et al.,1996;Hofstra et al.,1999;Hofstra and Cline,2000;Peters et al.,2007;Zhang et al.,2014;谢卓君,2016b)。中国卡林型金矿主要分布在川陕甘和滇黔桂“金三角”矿集区(图1-1)。目前,滇黔桂“金三角”矿集区金资源储量超过900 t(刘建中等,2020),其中烂泥沟金矿和水银洞金矿达到超大型,储量分别为110 t和265 t。

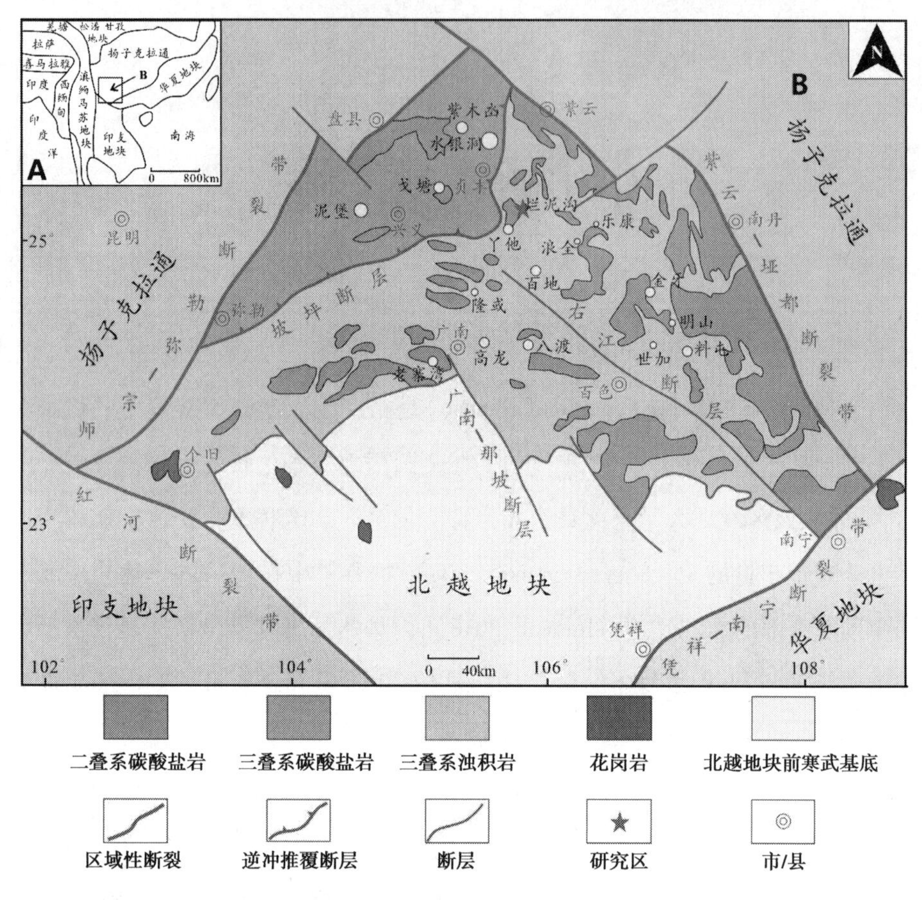

图 1-1　滇黔桂地区卡林型金矿分布

1.1　研究现状、存在问题及研究意义

贵州烂泥沟金矿位于贵州省黔西南州贞丰县沙坪乡烂泥沟村，是滇黔桂“金三角”目前已探明的最大断控型卡林型金矿床（罗孝桓，1997；陈懋弘等，2007a；Chen et al.，2015b），查明资源量 110 t，达到超大型规模（Su et al.，2018）。由于烂泥沟金矿的特殊性（2016 年以前由外资运营，难以获得数据），很多科学研究未能得到很好的开展，尤其是在数据方面，获取少之又少。因此，

对该矿的科学研究受到一定的限制,在三维空间上对矿体分布特征、三维构造地球化学及三维构造控矿机制等方面的研究仍较为缺乏,尤其在构造控矿的力学机制与成矿关系方面的研究处于空白状态。

1.1.1 三维地球化学

三维地球化学可以直接涉及矿体深部预测与三维空间定位,从而指导深部找矿(王学求等,2020)。随着现代计算机技术的发展,矿产资源的找矿勘探逐渐从经验找矿、理论找矿和信息找矿向这三大传统技术集成发展。因此,以信息技术为基础,结合三维可视化技术、数据模拟和融合技术,充分利用地质、地球化学、地球物理等数据资料,增大发现潜在矿产资源的成功率,应是未来勘查地球化学的研究方向。地学信息系统主要包括三维地学建模系统和三维地理信息系统,注重发展与应用三维建模、三维空间分析和三维建模等技术,是地学与信息科学的前沿交叉和热点技术(吴立新等,2003),为矿床尺度三维矿产资源的定量研究提供了重要的技术支撑。

在国外,三维地质建模方面的研究进展主要体现在空间数据模型研究,开发了一些兼有三维数据存储、管理、可视化等功能的建模软件,如 DataMine、GeoCAD、GemCom、MicroMine、MicroLYNX、Surpac 和 Vulcan 等(刘彦花等,2009)。通过这些建模软件,可以对矿山的钻孔数据进行分析,比如,矿物和元素地球化学数据,建立蚀变分带和地球化学块体等地质模型。三维地质模型的建立为深部矿产资源勘探提供了可视化模型和分析策略,可以定量描述深部靶区的空间信息,从而降低深部矿产资源勘查风险。

我国矿产资源预测与评价,经历起步、发展、成熟等近 50 年的一系列阶段后,已进入了数字化、定量化和科学化的发展阶段,建立了综合地质、矿产、化探、物探和遥感等多种技术手段,并以“相似类比”“异常成矿”“组合控矿”等成矿预测理论为指导,以“多元地学空间数据集成→数据融合→信息提取→资源潜力制图”为流程的矿产资源数字化预测评价体系,研发了一系列具有自主知识产权的三维地质建模软件,包括 3DMine、Creatar、DeepInsight、Geoview、GeoI3D、GeoMo3D、DIMINE、Minexplorer、TITAN、VRMine 等。基于地质、地球化学、地球物理等多元地学数据,利用三维建模软件对隐伏矿体进行三维立体成矿预测,成为近年来勘查地质化学领域的热点(丁建华等,2009;毛先成等,2009,2010;陈建平等,2014;史蕊等,2014,2015;王琨等,2015;祝嵩、肖克炎,2015),相关研究成果对三维成矿预测理论的发展和隐伏矿找矿具有重要意义,为拓展地质-地球化学找矿思路提供了理论和技术支撑。

目前,国内外在三维地球化学方面的研究对深部找矿具有重要意义并取得了一定成效,例如,谭亲平等人(2015)对水银洞金矿进行了三维地球化学建模并分析了其成矿模式,王学求等人(2020)建立了胶东金矿和水银洞金矿三维地球化学模型并通过钻孔验证取得较好效果。但大多数研究受限于没有获得矿山相关数据而停留在理论研究层面,尤其是对于滇黔桂"金三角"矿集区最大的断控型金矿。烂泥沟金矿仅有部分学者做了三维矿体定量分析(张权平等,2020)。三维地球化学研究,尤其是结合矿区地质特征、构造控矿耦合成矿方面的研究仍处于空白状态。因此,建立三维地球化学模型进而分析烂泥沟金矿成矿机制,对指导深部和外围找矿具有重要的现实意义。

1.1.2 构造地球化学

构造地球化学是构造地质学与地球化学两大学科的交叉学科,是一门探求构造与地球化学间内在联系的学问(陈国达、黄瑞华,1984;涂光炽,1984)。构造地球化学可以反映构造控矿物质来源,而构造的演化与发展可以通过成矿物质的来源、迁移、聚集、分散等过程表现出来,一方面,研究构造作用中的地球化学过程;另一方面,研究地球化学过程所引起和反映的构造作用,从而揭示控矿构造演化与成矿元素迁移和聚集之间的内在联系(涂光炽,1984;韩润生,2013)。

自从 Sorby 于 1863 年提出"经受着变形的岩石可以发生化学变化"的构造

地球化学萌芽思想以来（韩润生，2013），经过广大学者坚持不懈地深入研究，构造地球化学理论和实践得到不断完善和丰富，获得了大量的科研成果。从构造作用、地球化学及时空关系等方面揭示了构造作用对地球化学元素（同位素）的分布、迁移、聚集与分散，并伴随成矿作用的发生和地球化学异常的形成，通过构造地球化学方法探获大量深部隐伏矿产资源（章崇真，1979；刘泉清，1981；韩润生等，2003；钱建平，2009；吕古贤等，2011；韩润生，2013；李松涛等，2021）。

构造地球化学方面的研究在美国内华达州的卡林型金矿取得了较多成果，如在 Deep Star 金矿，分析了地表不同构造部位微量元素、成矿元素和蚀变的分布规律，同时在剖面上分析了成矿元素分布特征与构造之间的关系（Heitt et al.，2003；Theodore et al.，2003）；在 Gold Bar 和 Gold Canyon 矿区进行了构造、岩石和蚀变的构造地球化学填图，结果表明，金矿化主要发生在高角度的三叠纪正断层和再活化的古生代和中生代逆断层中（Yigit and Hofstra，2003）；针对 Twin Creeks 卡林型金矿，有学者通过元素和同位素构造地球化学研究（Stenger et al.，1998a；Stenger et al.，1998b），分析了 Au、As、Sb、Hg 以及碳酸盐含量、K/Al 比值、黄铁矿含量和 C、O 同位素等在不同构造部位的分布规律，进而分析了金的迁移、富集成矿过程。

构造地球化学作用对右江盆地的 Au 的成矿成晕具有明显的控制作用，区域地质构造对金的成矿作用关系密切，金矿体的空间形态严格受控矿断层制约（罗孝桓，2000；刘建中等，2006；谭亲平，2015，2020）。谭亲平等人（2015，2021）建立了水银洞金矿床成矿元素、微量元素及同位素构造地球化学模型，并认为 Au、As、Sb、Hg 和 Tl 元素异常套合最好的地段为找 Au 有利靶区，高 As/Tl 比值地段深部找矿潜力大，且碳酸盐岩和黏土岩组合部位是有利的富 Au 部位。毛铁等人（2014）对烂泥沟金矿 F3 断层进行构造地球化学研究，探讨了控矿断层与地球化学间的关系，研究发现在断层及两旁的 Au、Ag、As 和 Sb 相对富集且显著相关；闫俊等人（2015）通过地表土壤地球化学方法分析了异常元素之间的分异程度及其与金矿化之间的关系，确定了有利的成矿元素特征，并将 Au、As、

Sb、Hg 元素异常与构造特征相结合,确定了元素异常部位及其与金矿化的强弱关系。

综上所述,构造地球化学对深部找矿具有重要的指导意义,但是关于在烂泥沟金矿系统的构造地球化学研究较少,尤其在矿床尺度上结合矿区三维构造及三维地球化学的研究更少。因此,在烂泥沟金矿开展系统的构造地球化学研究可以为矿区深部及外围找矿提供重要的理论依据。

1.1.3 成矿物质来源

关于右江盆地卡林型金矿成矿物质来源,很多学者对此进行了大量研究,根据环带黄铁矿边部的原位 S 同位素组成,提出了卡林型金矿床的三种成因模式,包括岩浆流体(Ressel and Henry,2006;Muntean et al.,2011;Hou et al.,2016;Xie et al.,2018b)、变质流体(Groves et al.,1998;Hofstra and Cline,2000;Su et al.,2009a;Su et al.,2018;Li et al.,2020;Lin et al.,2021)和深循环大气水或盆地卤水(Ilchik and Barton,1997;Hu et al.,2002;Emsbo et al.,2003;Gu et al.,2012)。大多数研究者主要关注环带黄铁矿的边部,而对黄铁矿的核研究较少。内华达州 Getchell 和 Cortez Hills 卡林型金矿床高品位矿石中部分黄铁矿核显示高的 Hg、Tl、Cu、W、Pb、Sn 和 Bi 含量(Clark Maroun et al.,2017;Xie et al.,2018a),与热液成因黄铁矿一致。由于 Sn 和 Pb 不是卡林型金矿的成矿元素并且 Sn 不太可能被低温流体运移,因此,Clark Maroun 等人(2017)认为这些黄铁矿核可能是在金成矿作用之前或成矿期早期的岩浆热液事件中形成的。右江盆地的金矿床附近缺少岩浆活动,也缺少成矿前热液活动的证据,有研究者基于黄铁矿核的多孔结构和低的 Au-As 含量,提出了沉积成因(同生或成岩期)的观点(Su et al.,2012;Hou et al.,2016;Xie et al.,2018b;Yan et al.,2018;Li et al.,2019;Li et al.,2020;Wei et al.,2020;He et al.,2021),但也有人基于黄铁矿核-边具有相似的 S 同位素组成,提出了黄铁矿核形成于成矿期早期(Liang et al.,2020;Zhao et al.,2020;Lin et al.,2021)。卡林型金矿的赋矿岩石

(主要为钙质细碎屑岩)通常缺乏硫化物,矿床中普遍存在的黄铁矿核可能不仅是沉积作用形成的,也可能是其他地质事件形成的。矿石中的环带黄铁矿核可能在卡林型金矿床的形成中发挥了重要作用。因此,环带黄铁矿核-边及其与沉积黄铁矿的系统对比研究,对揭示卡林型金矿的超常富集机制具有重要意义。

也有学者对烂泥沟金矿成矿物质来源做了研究,例如,朱赖民等人(1998)采用Pb同位素比值方法分析认为成矿物质来源具有壳-幔源特征;陈懋弘等人(2007b)通过对矿体中含砷黄铁矿的Re-Os同位素研究发现,初始$^{187}Os/^{188}Os$比值为1.27±0.043,从而认为成矿物质来源于盆地流体;谢卓君(2016a)对烂泥沟金矿成矿期黄铁矿S同位素进行了测试,结果表明S同位素组成主要为0.9%~1.2%,并认为成矿流体可能为岩浆来源,且混入了地层硫;颜军(2017)利用NanoSIMS原位S同位素分析表明,含金黄铁矿核部S同位素($\delta^{34}S$:0.6%~1.2%)具有地层来源特征,而黄铁矿环带S同位素则具有岩浆作用相关和地层相关($\delta^{34}S$:>1.8%)的两个端元特征。尽管前人做了很多研究,但大多为某一个层面,在结合三维地球化学、构造地球化学及地质特征等方面的综合研究较为缺乏,因此,对烂泥沟金矿进行综合性的成矿物质来源研究及探讨,对研究该区成矿模式具有重要意义。

综上所述,尽管对烂泥沟金矿的研究较多,但是在三维空间上对成矿与构造、地球化学及成矿物质来源方面的系统性研究仍较缺乏,尤其是在构造应力背景下构造控矿机制及岩石破裂对成矿流体迁移富集规律研究就更少。基于此,本书选择贵州烂泥沟金矿为研究对象,系统地对前人研究成果、矿山生产勘探数据进行整理和综合分析,进行大量现场地质调研与分析工作,厘清矿床成矿地质背景,从三维构造建模、三维地球化学建模、构造地球化学及成矿物质来源等方面进行研究,从而探讨成矿物质来源、成矿流体迁移富集机制、构造控矿机制及成矿模式,厘清成矿机理,摸清成矿规律,建立矿区成矿模式。

1.2 研究内容及技术路线

1.2.1 研究内容

针对烂泥沟金矿及滇黔桂“金三角”卡林型金矿在研究中存在的主要科学问题,结合矿山生产及勘探工作,以烂泥沟金矿为具体研究对象,主要围绕矿区构造格架体系及演化、三维地球化学建模、构造地球化学、成矿物质来源及演化、富集机制及成矿模式等开展研究,主要研究内容如下。

(1)矿区构造格架体系及三维构造模型建立、构造期次及演化

在详细野外地质调查的基础上,通过矿区广域电磁法物探及地震勘探剖面解译,结合矿区地质特征及勘探成果,厘清矿区成矿构造体系,提出矿区“三级构造”格架体系;建立矿区主要控矿断层三维可视化模型,查明矿区成矿流体通道;通过声发射凯瑟效应测量古构造应力、应力解除法测量原岩应力,通过现场地质调查及实验室观察,研究主要断裂几何学特征、断层显微结构及褶皱形式,探讨矿区构造期次及演化;建立岩石质量力学指标(RQD)三维模型,分析金沉淀富集与岩石破裂程度关系,探讨岩石破裂对金沉淀富集控制机制。

(2)成矿元素三维地球化学建模与分析

对矿区内67 770组成矿相关元素(Au、S、As、Hg和Sb)化验结果进行数据化处理,通过大数据统计分析各元素相关性,挖掘深部及外围找矿关键地球化学指标;建立三维地球化学模型,分析各成矿相关元素三维空间分布特征、规律及其相互关系,系统剖析各成矿相关元素与构造空间分布关系,探讨构造对成矿机制的控制作用;通过流体包裹体均一温度进行三维空间分布特征分析,建立成矿元素与温度垂向分布规律,从热晕场角度探讨成矿流体运移路径,结合三维构造模型及三维地球化学模型,解释烂泥沟金矿成矿流体通道及就位空间问题,从而探讨矿区构造控矿机制。

（3）构造地球化学研究

在详细的野外观察和岩相学研究基础上，选择典型构造破碎带的典型剖面（3-1720）为研究对象，利用电子探针对构造破碎带中主微量元素进行测试，分析元素带入带出通量，以期获得元素在构造破碎带中的迁移富集规律；对构造破碎带及围岩矿物组成进行研究，利用电子显微镜分析构造破碎带和围岩显微结构构造，利用 XRD 和 TIMA 技术分析矿物组成，采用激光剥蚀电感耦合等离子体质谱仪（LA-MC-ICP-MS）微区分析技术进行微量元素分析、EPMA 扫面，采用高倍电子显微镜对黄铁矿矿物学和岩相学研究，分析成矿流体在构造破碎带中的硫化作用和黄铁矿形成机理，从而分析成矿流体金沉淀富集机制。

（4）成矿物质来源

对不同空间位置矿体中与金成矿关系密切的脉石矿物（石英、方解石）等开展同位素示踪研究，包括石英 H-O 同位素、方解石 C-O 同位素、硫化物 S 同位素及矿石 Pb 同位素示踪研究，从而示踪成矿流体来源和演化。由于烂泥沟金矿中的金主要以“不可见金”赋存于含砷黄铁矿环带中，因此，本书采用激光剥蚀电感耦合等离子体质谱仪（LA-MC-ICP-MS）微区分析技术对黄铁矿环带及核部进行原位 S 同位素组成分析，以期解释不同世代黄铁矿 S 同位素组成及变化，进而探讨成矿 S 同位素及成矿物质来源。

（5）构造控矿机制及成矿模式

通过对矿区内系统的构造体系研究，结合区域构造地质背景，进行广域电磁法及地震勘探剖面解译，查明了烂泥沟金矿成矿流体通道为切穿基底的隐伏断层（巧洛断层）和连通巧洛断层的 F2 断层。采用三维构造建模及三维地球化学建模分析成矿元素与构造空间分布特征及规律，阐述了成矿流体性质及迁移富集沉淀机制。

通过详细梳理右江盆地卡林型金矿成矿热液作用、成矿时代、矿物蚀变等，结合烂泥沟金矿黄铁矿微区 S 同位素、主微量元素、脉石切割关系等分析，探讨烂泥沟金矿成矿的两期热液事件。

本书的系统研究，旨在查明烂泥沟金矿构造架构体系、地质特征、矿物组成、成矿流体来源及演化、构造控矿机制，从而揭示烂泥沟金矿矿床成因，建立矿床成矿模型。

1.2.2 技术路线

本书围绕烂泥沟金矿矿床构造控矿机制及成矿物质来源等关键科学问题，综合应用地质力学、构造地球化学和现代矿床学等最新研究理论和方法，通过全面的资料收集分析、大量详细的野外地质调查、先进的样品分析测试技术、建立三维模型综合分析等，查明矿区构造格架体系、构造破碎带矿岩矿物组成、金的赋存状态及沉淀机制，探讨成矿流体和成矿物质来源，结合区域构造、地球化学及年代学相关最新研究成果，探讨和揭示烂泥沟金矿构造控矿机制并建立成矿模型。本书采用的研究技术路线如图1-2所示。

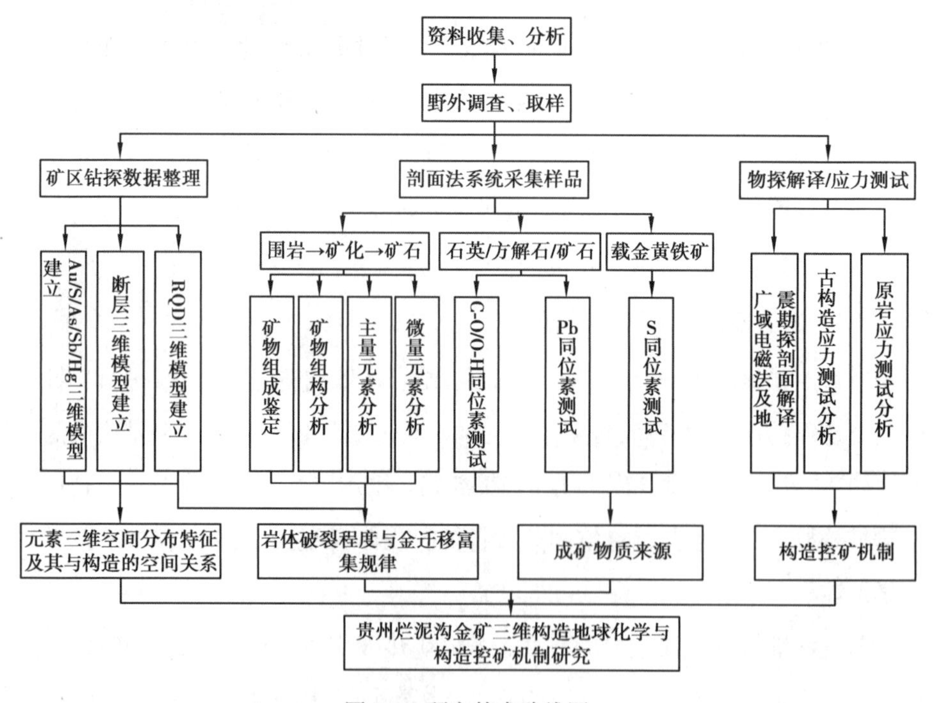

图1-2 研究技术路线图

1.3 分析方法与工作量

1.3.1 分析方法

(1) 样品采集

本书总共采集样品200件，均取自贵州烂泥沟金矿钻孔剖面、掘进掌子面及地表。采样前根据研究区矿体空间分布特征，选择合适的钻孔剖面进行采样，采样主要在构造破碎带中，并包括围岩、蚀变体、低品位矿石、高品位矿石，对分析构造破碎带中矿物的迁移富集具有很好的代表性。

(2) 岩相学分析方法

在中国科学院地球化学研究所(以下简称“中科院地化所”)使用配备电扫描平台的光学岩相学徕卡 DM4P 显微镜对抛光薄片进行检查，在薄片扫描中，围岩与矿石的整体特征和结构关系十分明显。利用热场发射扫描电子显微镜(SEM，JEOL JSM-7800F)和能谱仪(EDS)观察矿物的结构、识别矿物，并确定矿物共生关系。利用背散射(BSE)电子图像观察微观结构，并为后续激光剥蚀 LA-ICP-MS 和 LA-MC-ICP-MS 分析提供精确位置。

(3) 扫描电镜(SEM)

扫描电镜分析在中科院地化所完成，利用设备型号为 JSM-7800F，测试电压为 10 ~ 15 kV、电流为 10 nA，束斑直径为 1 μm。该设备具有大束流、高稳定性以及超高分辨率等优点，通过直接观察样品的表面形貌以获取岩石、矿石以及单矿物的精细微区结构。SEM 由二次电子和背散射电子检测器及能谱仪组成，能够快速准确进行样品的相组成及相分布分析、元素定性分析、定量分析、线分析、面分析、材料失效分析等。

（4）电子探针（EPMA）

电子探针分析在中科院地化所矿床地球化学国家重点实验室完成，所用仪器为日本岛津所生产的JXA-8230。测试波谱电压为25 kV、电流为10 nA，能谱电压为25 kV、电流为18 nA，束斑直径为1～10 μm，二次电子像分辨率可达6 nm（工作距离11 mm），背散射电子像分辨率可达20 nm（拓扑像、成分像），加速电压可调范围为0～30 kV，束流范围为$(1\times10^{-12})\sim(1\times10^{-5})$ A，电子束位移小于1 μm/h。分析元素为Cu、Fe、Ni、Co、Cr、Sn、As、W、Au、Hg、Sb、S、Ti、Mo。标样为$CuFeS_2$、FeS_2、Pentlandite、Pyrope、SnO_2、FeAsS、W、Au、HgS、Sb_2S_3、FeS_2、Tl、MoS_2。电子探针所分析元素检测限分别为Fe、Ni、Co：0.03×10^{-6}；Sn、Cu、Sb：0.04×10^{-6}；As、Au、Pb、Hg：0.1×10^{-6}；Tl：0.3×10^{-6}；S：0.01×10^{-6}。

（5）激光剥蚀等离子谱（LA-ICP-MS）

激光剥蚀等离子谱分析在南京聚谱检测科技有限公司完成。LA-ICP-MS主要用来确定微量元素在硫化物中的含量和分布特征，本次分析的主要矿物为黄铁矿、少量毒砂及闪锌矿。测试首先通过对样品薄片进行显微镜、扫描电镜及电子探针观察和分析，确定测试靶区，激光剥蚀直径为40～60 μm，分析相对误差小于0.5%。

（6）主量和微量元素分析

全岩样品主量和微量元素分析在澳实分析检测（广州）有限公司完成。主量元素的分析使用PANalytical Axios高级X射线荧光光谱仪（Axios PW4400），用1 g岩石粉在1 100 ℃加热1 h计算烧失量（LOI）。微量元素的检测使用Agilent 7900电感耦合等离子体质谱仪（ICP-MS）。金首先使用火试法分析，然后使用Agilent 5110电感耦合等离子体原子发射光谱仪分析[金含量为$(0.001\sim10)\times10^{-6}$]，对于高品位样品（金含量为$10\times10^{-6}$）用火试称重法测定金含量，使用Agilent 7900 ICP-MS仪器进行汞分析。Au元素检出限：0.001×10^{-6}；Sb元素检出限：0.05×10^{-6}；Hg元素检出限：0.01×10^{-6}；Cu、Sn、Ni元素检出限：

0.2×10^{-6};Mo、Sb、Te 元素检出限:0.05×10^{-6};Pb 元素检出限:0.5×10^{-6}; Ag、Bi、Co、W、Al_2O_3、SiO_2、Fe_2O_3、CaO、MgO、Na_2O、K_2O、P_2O_5、TiO_2、MnO、LOI 检出限为0.01%,所有元素的分析精度均优于5%。

(7)矿物相位扫面

抛光后样品的矿物相位扫面在广州拓岩检测技术有限公司完成,采用 TESCAN 集成矿物分析仪(TIMA)分析,该设备包括 1 个 MIRA3 SEM 系统和 4 个 EDS 探测器。分析在 25 kV 的工作电压和 10 nA 的探针电流下进行,工作距离设置为 15 mm,像素间距设置为 3 μm,网点间距设置为 9 μm,通过一个自动化控制程序校准电流和背散射电子信号强度,采用锰标准对 EDS 性能进行了评估。使用 TIMA 解离分析模块对样品进行扫描,自动计算出各矿物相的体积比。

(8)黄铁矿微量元素分析

在南京聚谱检测科技有限公司对抛光薄片的黄铁矿进行了原位 LA-ICP-MS 分析。Teledyne Cetac Technologies Analyte Excite LA 系统与 Agilent Technologies 7700x 四极杆 ICP-MS 仪器耦合,将 193 nm ArF 准分子激光经匀束系统均匀化后,以 3.5 J/cm^2 的注量聚焦在硫化表面,烧蚀后的材料由 He 载气输送到 ICP-MS 仪器中。结合美国地质调查局多金属硫化物压制球团 MASS-1 和合成玄武岩玻璃 GSE-1G 进行外部校准。在本书中,单次激光剥蚀使用 20 ~ 40 μm,6 Hz 重复频率,持续 30 s。

(9)H-O 同位素分析

H-O 同位素分析在核工业北京地质研究院完成。称取 40 ~ 60 目石英包裹体样品 5 ~ 10 mg,在 105 ℃恒温烘箱中烘烤 4 h 以上。采用 MAT253 气体同位素质谱仪进行分析,测量结果以 SMOW 为标准,记为 δDV-SMOW,分析精度优于 ±0.1%。H 同位素参考标准为国家标准物质北京大学标准水,其 δDV-SMOW = −6.48%,兰州标准水,其 δDV-SMOW = −8.455%。测试 O 同位素时,测量结果以 SMOW 为标准,记为 δ^{18}OV-SMOW,分析精度优于±0.02%。O 同位素标准参考标准为 GBW04409、GBW04410 石英标准，其 δ^{18}OV = SMOW 分别是(1.111±0.006)%和(-0.175±0.008)%。

（10）C-O 同位素分析

C-O 同位素分析在核工业北京地质研究院完成。先将方解石/白云石单矿物样品用玛瑙研钵研磨至200目，在烘箱105 ℃温度下烘烤样品2 h，去除吸附水。然后用高纯氦气将生成的 CO_2 气体带入 MAT253 质谱仪测试 C-O 同位素组成。每五个样品加入一个标准，用参考气对其进行比对测试，测量结果以 PDB 为标准，记为 δ^{13}CV-PDB 和 δ^{18}OV-PDB，其精度分别优于±0.01%和±0.02%。碳酸盐样品的标准为：GBW04416，其 δ^{13}CV-PDB＝(0.161±0.003)%，δ^{18}OV-PDB＝（-1.159±0.011)%；GBW04417，其 δ^{13}CV-PDB＝（-0.606±0.006)%，δ^{18}OV-PDB＝(-2.412±0.019)%。

（11）S 同位素分析

黄铁矿原位 S 同位素分析在南京聚谱检测科技有限公司采用 LA-MC-ICP-MS 进行测试分析，结合 Teledyne Cetac Technologies Analyte Excite LA 系统和 Nu Instruments Nu Plasma Ⅱ MC-ICP-MS 进行实验，将193 nm ArF 准分子激光经匀束系统均匀化后，以2.5 J/cm^2 的注量聚焦于黄铁矿表面。每次采集包括30 s的背景（气体空白）采集，然后以5 Hz 重复频率采集直径为33 μm 的光斑，持续40 s。以文山天然黄铁矿（δ^{34}S＝+0.11%）为外标度，每四次分析一次。以黄铁矿 GBW07267、黄铜矿 GBW07268（δ^{34}S 分别为+0.36%和-0.03%）和细粒闪锌矿 SRM123（δ^{34}S 分别为+1.75%和美国国家标准与技术研究所）压粉球团进行质量控制。δ^{34}S 的长期重现性优于0.06%（1个标准差）。采用常规燃烧法测定分离的硫化矿物（辉锑矿、雄黄和朱砂）的 S 同位素组成，并在中科院地化所使用 Thermo Fisher MAT253 质谱仪进行分析。分析过程是通过测量标准物质 GBW04414、GBW04415 和 IAEA-S3 测定的。通过 Vienna-Canyon Diablo Troilite (V-CDT)报告 S 同位素数据。

（12）Pb 同位素分析

岩石样品挑选新鲜部分经破碎后直接碾磨至 200 目，然后经 $HCl+HNO_3$ 溶解（全岩样品经 $HF+HNO_3$ 混合酸溶解）后，转换至 HCl+HBr 介质，将上层清液经加入 AG-1×8 阴离子交换柱。依次用 0.3 mol/L 氢溴酸（HBr）和 0.5 mol/L 盐酸（HCl）淋洗杂质，用 8 mL 6 mol/L 的 HCl 解吸铅，蒸干后加入 0.5 mL6 mol/L 的 HNO_3 并蒸干。最后，加入 2% HNO_3 溶液 4 mL，并加入 10 μL 的 10 μg/g Tl 标准溶液。样品的测试在中科院地化所的 Neptune plus 型 MC-ICP-MS 上完成。采用标准物质 NIST981（n=4）进行质量监控，其 206Pb/204Pb 测定结果平均值为 16.934 6±0.000 9（2σ），与其推荐值 16.937 4±0.001 03 在误差范围内一致。

（13）均一温度测试分析

包裹体均一温度测试在北京金有地质勘查有限责任公司完成。测试分析先制作 40 mm×20 mm 薄片，将薄片剥入盛好丙酮的器皿中浸泡 12 h 以上，然后破碎成 2～3 mm 小方块，加入坩埚中。采用的显微测温仪器为英国 Linkam THMSG 600 型冷热台，采用标准物质对仪器进行温度标定，温控范围为-196～+600 ℃、均一温度和冰点数据精度分别为 2 ℃和±0.1 ℃，测温时升温速率一般为 5～10 ℃/min，接近相变时速率降为 0.1～1 ℃/min。显微测温过程中，为防止中低盐度包裹体在冷冻实验时由于结冰膨胀导致包裹体渗漏，整个实验过程均采用先加热均一、后冷冻的实验流程。

1.3.2　工作量

本书主要完成的工作量见表 1-1。

表 1-1 主要完成的工作量

工作内容	数量	单位	完成地点/单位	完成人
野外地质调查	8	月	贵州烂泥沟金矿	笔者
样品采集	200	件		笔者
磨制光薄片	42	片	广州拓岩检测技术有限公司	笔者
光薄片鉴定	42	片	中科院地化所	笔者
XRD 测试	7	件	苏州泰纽测试服务有限公司	笔者
微量元素	42	件	澳实分析检测(广州)有限公司	笔者
金含量测试	42	件	澳实分析检测(广州)有限公司	笔者
包裹体测温	58	件	北京金有地质勘查有限责任公司	笔者
激光剥蚀等离子质谱	13	件	南京聚谱检测科技有限	笔者
C-O 同位素	58	件	核工业北京地质研究院	笔者
H-O 同位素	11	件	核工业北京地质研究院	笔者
Pb 同位素	11	件	中科院地化所	笔者
微区 S 同位素	47	点	南京聚谱检测科技有限	笔者
电子探针和能谱分析	12	件	中科院地化所	笔者
SEM 扫面	2	件	中科院地化所	笔者
照相	约 350	张	贵州大学、中科院地化所	笔者
查阅文献	约 500	篇	贵州大学	笔者

1.4 主要创新点

本书的主要创新点体现在如下三个方面。

①综合应用地质力学、构造地球化学和现代矿床学等学科优势,采用广域

电磁法和地震勘探法对矿区构造格架进行解译，对物探结果进行钻探验证，提出了矿区“三级构造”成矿格架体系，并建立了矿区控矿构造及岩体质量指标（RQD）三维可视化模型；结合古构造应力和原岩应力测试结果，厘清了矿区主要经受的五期构造演化。

②首次对烂泥沟金矿成矿相关元素（Au、As、Hg、Sb、S）进行大数据统计分析，建立了成矿相关元素三维可视化模型，从空间上分析了成矿相关元素分布规律及其与构造的相关性。从三维角度分析了成矿温度空间分布特征及其与成矿相关元素及构造分布的关系，多角度分析了成矿流体通道及运移规律。

③从三维空间角度系统分析了烂泥沟金矿导矿通道、容矿空间及沉淀机制，并结合三维构造地球化学及成矿物质来源，首次提出了烂泥沟金矿成矿具有两期热液作用。

第2章　区域地质背景

滇黔桂“金三角”矿集区与右江盆地在位置上相吻合，地处贵州、云南和广西三省交界处，整个区域呈三角形，面积约 9×10^4 km^2。其大地构造位置位于欧亚板块、印度板块和太平洋板块的交接部位，由扬子古陆、江南地块和北越地块组成的构造三角区内（范军和肖荣阁，1997；Hu et al.，2002；谭亲平，2015；Xie et al.，2017），总体上位于扬子板块与华夏地块拼接而成的华南板块西南缘，以松马缝合带为界与印支板块相接（图 2-1）。在约 200 Ma 印支板块俯冲及约 135 Ma 燕山构造期太平洋板块俯冲形成了该区构造体系及成矿域，如赋存于台地相碳酸盐岩中的层控型金矿床水银洞金矿、紫木凼金矿、泥堡金矿等，赋存于盆地相陆源碎屑岩中的断控型金矿床烂泥沟金矿、丫他金矿等（Su et al.，2018）。

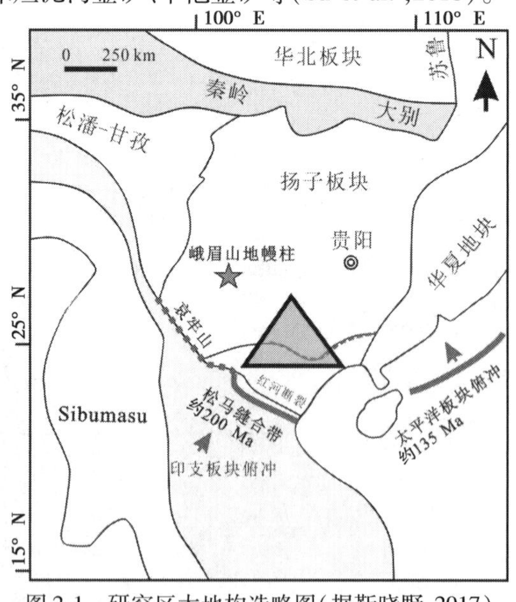

图 2-1　研究区大地构造略图（据靳晓野，2017）

2.1　区域地层

右江盆地自泥盆纪早期华南早古生代褶皱基底裂陷作用开始，沉积了一套特征性的台-盆相间的地层序列，并于印支期发育中三叠世巨厚海西陆缘碎屑浊流沉积，随后被褶皱抬升而结束（曾允孚、刘文均，1995）。在南盘江断裂以北地区形成台地相区，主要沉积以浅水相碳酸盐岩为主并含陆源碎屑岩及峨眉山玄武岩夹层。在南部的台盆相区，主要沉积深水相沉积岩，主要包括细砂岩、黏土岩、砂岩、灰岩等（王砚耕，1990；韩至钧、盛学庸，1996）。黔西南卡林型金矿主要赋存在台地相区的上二叠统和下三叠统生物碎屑灰岩、钙质碎屑岩以及盆地相区的中三叠统钙质碎屑岩和灰岩中（谢卓君，2016a）。

右江盆地是滇黔桂“金三角”地区微细粒浸染型金矿的重要分布区。迄今已发现的赋金层位，以组为单位已超过 20 个，但主要金矿化多集中在上二叠统和中下三叠统地层中（韩至钧、盛学庸，1996）。

在上扬子陆块，赋金层序主要为平行不整合于下二叠统茅口组之上，上三叠统赖石科组之下的一套以浅海相碳酸盐岩为主的层序，称为龙头山层序（图 2-2）；在江南复合造山带则主要为二叠系礁灰岩间断面或假整合面之上和上三叠统黑苗湾组之下的一套以陆源碎屑岩为主的层序，称为赖子山层序（韩至钧等，1999）（图 2-3）。容矿岩石以细碎屑岩（包括凝灰质碎屑岩）和不纯碳酸盐岩为主（Su et al. ，2018），未发现粗碎屑岩和纯碳酸盐岩容矿（韩至钧、盛学庸，1996）。

王砚耕等人（1995）按容矿岩石不同，将右江盆地微细粒浸染型金矿划分为沉积岩（灰岩、砂屑岩）和火山碎屑岩（凝灰岩）两大类，前者又分为以碳酸盐岩为容矿岩石和以细砂屑岩为容矿岩石两类。烂泥沟金矿主要产于细碎屑岩中。近年来，刘建中等人（2009，2010）提出构造蚀变体（SBT）的概念，即为区域构造活动和大规模低温热液作用的综合产物。

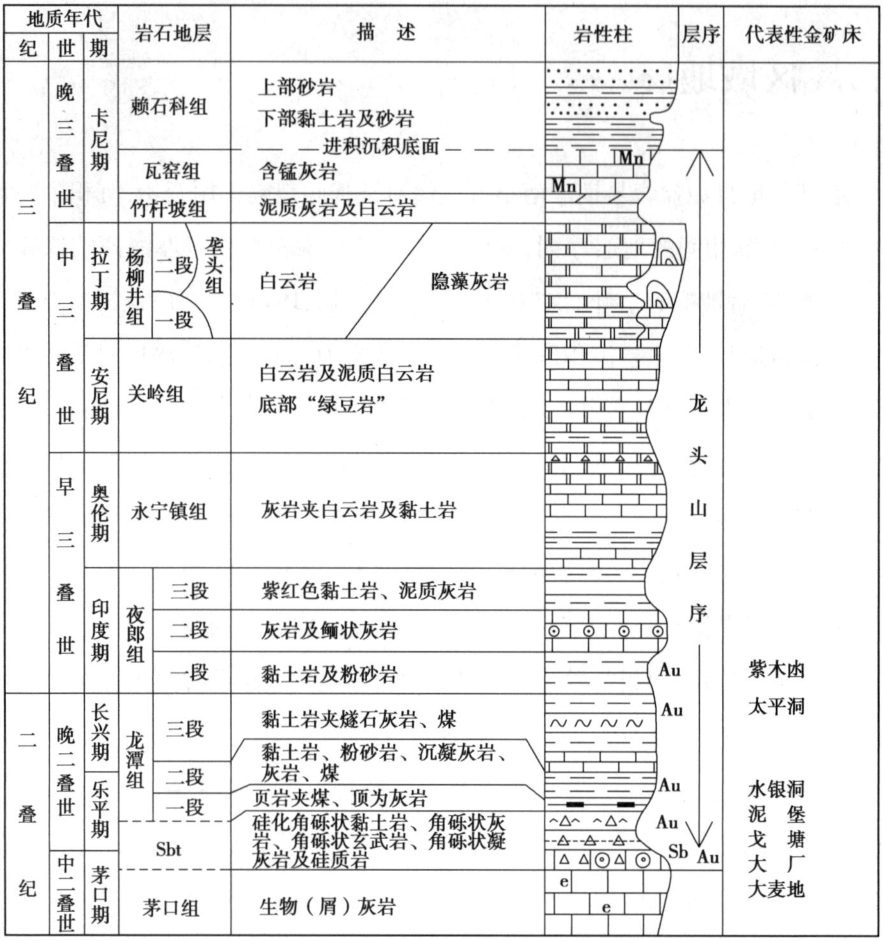

纪	世	期	岩石地层	描述	岩性柱	层序	代表性金矿床
三叠纪	晚三叠世	卡尼期	赖石科组	上部砂岩 下部黏土岩及砂岩			
				— —进积沉积底面— — —			
			瓦窑组	含锰灰岩	Mn	龙头山层序	
			竹杆坡组	泥质灰岩及白云岩			
	中三叠世	拉丁期	杨柳井组 二段、一段；垄头组	白云岩 / 隐藻灰岩			
		安尼期	关岭组	白云岩及泥质白云岩 底部“绿豆岩”			
	早三叠世	奥伦期	永宁镇组	灰岩夹白云岩及黏土岩			
		印度期	夜郎组 三段	紫红色黏土岩、泥质灰岩			
			夜郎组 二段	灰岩及鲕状灰岩			
			夜郎组 一段	黏土岩及粉砂岩	Au		紫木凼
二叠纪	晚二叠世	长兴期	龙潭组 三段	黏土岩夹燧石灰岩、煤	Au		太平洞
		乐平期	龙潭组 二段	黏土岩、粉砂岩、沉凝灰岩、灰岩、煤			
			龙潭组 一段	页岩夹煤、顶为灰岩	Au		水银洞
			Sbt	硅化角砾状黏土岩、角砾状灰岩、角砾状玄武岩、角砾状凝灰岩及硅质岩	Au Sb Au		泥堡 戈塘 大厂
	中二叠世	茅口期	茅口组	生物（屑）灰岩			大麦地

图 2-2　龙头山层序特征(据王砚耕,1990)

2.2　区域构造

烂泥沟金矿床地处右江盆地北东部,右江盆地位于中国西南滇黔桂地区(图 2-4),又称南盘江盆地或滇黔桂盆地、右江断褶区(王砚耕等,1995),所称南盘江地区,泛指中、晚三叠世陆源硅质碎屑复理石沉积所分布的范围。从板块构造尺度上看,右江盆地在大地构造上位于特提斯与太平洋构造域的接合部位，区域的发展演化与构造形变受到两者制约，尤其是该区域晚古生代以来的地质演化与特提斯洋的演化有密切关系（陈懋弘等，2007a）。中三叠世，太平洋板块俯冲于欧亚板块之下（Su et al. ，2018），致使右江盆地地层形成大量断层和褶皱（Hu et al. ，2002；杜远生等，2013），为后期含金热液的运移提供了通道。

纪	世	期	岩石地层		描述		层序	代表性金矿床
三叠纪	晚三叠世	卡尼期	黑苗湾组		钙质泥岩及泥质灰岩			
					加积沉积底面			
	中三叠世	拉丁期	边阳组	二段	黏土岩及粉砂岩		赖子山层序	烂泥沟
			边阳组	一段	杂砂岩（浊积岩） Au			
			呢罗组		瘤状灰岩			
		安尼期	鲁贡灰岩 / 许满组	四段	黏土岩及粉砂岩（含细浊积岩） Au			丫他
				三段	泥晶灰岩	泥晶灰岩夹页岩		
				二段	砾屑灰岩及钙质页岩	砂岩（浊积岩）		板其
				一段		粉砂岩及灰岩 Au		
	早三叠世	奥伦—印度期	罗楼组		砾屑灰岩，生物灰岩及灰岩			
					间断面			
二叠纪	晚二叠世 / 中二叠世		礁灰岩		海绵、水螅、礁灰岩			

图2-3　赖子山层序（据王砚耕，1990）

右江盆地形成于泥盆纪时期的前寒武纪扬子克拉通西南边缘的裂谷作用，在区域上形成了一系列北西向和北东向高角度切穿基底的正断层并控制了该区域后期的沉积、构造变形和岩浆作用（Du et al. ，2013）。右江盆地北部分别被北东向的弥勒-司宗和北西向的紫云-都安断层从扬子克拉通所分离，盆地南东向和南西向分别被平祥-南宁断层和红河断层从华夏板块和思茅板块所分离（Zeng et al. ，1995；Hou et al. ，2016；Su et al. ，2018）。

区域内构造运动形式主要表现为地块边缘裂陷槽挤压和拉张的交替，它们是区域金成矿的重要地质背景，区内金矿床（点）集中分布于被不同方向、不同期次的区域断裂（①弥勒—师宗深断裂；②南丹—昆仑关深断裂；③宾阳—个旧深断裂）所围陷的三角形之中（图 2-4），从而构成了著名的滇黔桂“金三角”矿集区。

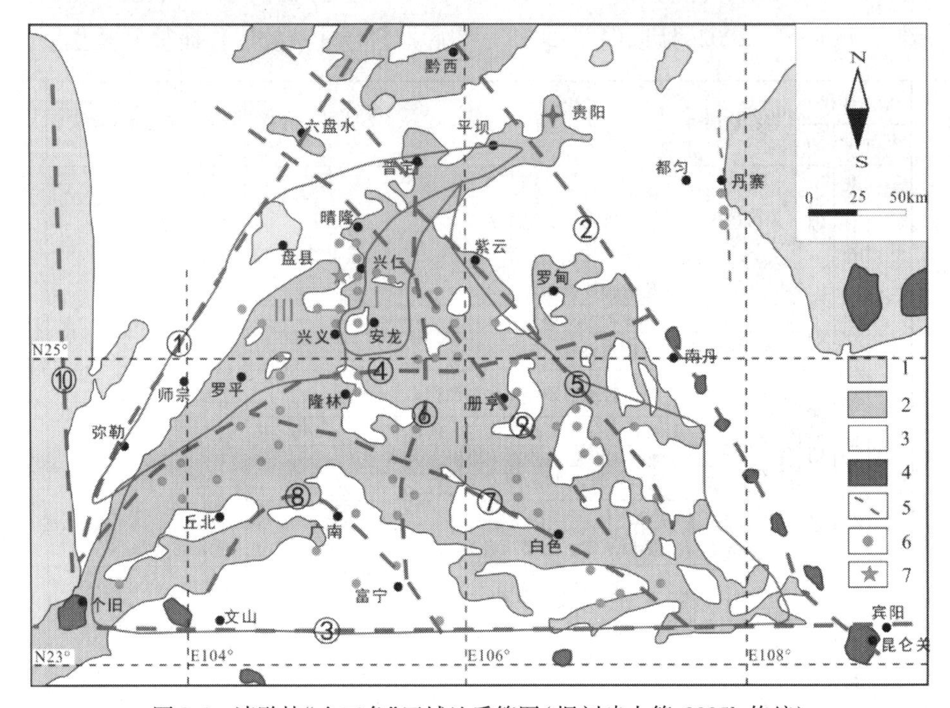

图 2-4　滇黔桂“金三角”区域地质简图（据刘建中等，2005b 修编）

1—元古宇-震旦系；2—古生界；3—三叠系；4—花岗岩体；5—深断裂；6—金矿床（矿点）；7—泥堡金矿床；Ⅰ—兴仁—安龙金矿带；Ⅱ—册亨—望谟金矿带；Ⅲ—晴隆—罗平金矿带；①弥勒—师宗深断裂；②南丹—昆仑关深断裂；③宾阳—个旧深断裂；④开远—平塘深断裂；⑤紫云—垭都深断裂；⑥普定—富宁深断裂；⑦右江深断裂；⑧文山—广南—富宁弧形深断裂；⑨晴隆—册亨深断裂；⑩小江深断裂

2.3　区域岩浆活动

右江盆地内岩浆岩出露很少，是一个岩浆活动微弱的地域。但在盆地中部以及东南部（图 2-4），分布有少量碱性超基性岩脉（Liu et al.，2010）和石英斑岩脉侵入盆地沉积岩中(陈懋弘等,2014),这些岩脉被认为是燕山造山晚期盆地拉张环境下的产物(Liu et al. ,2010)。在盆地的西南部(图2-4),分布有燕山晚期花岗岩(Chen et al. ,2010),这些花岗岩多与锡多金属矿矿床有成因关系,并认为是地壳熔融产物,同时混入了少量的地幔物质(Chen et al. ,2010;谢卓君,2016a)。

烂泥沟金矿区范围内无岩浆活动,仅在矿区北北东27 km的贞丰县白层有燕山期偏碱性超基性岩小岩体出露,主要为斑状橄辉岩、斑状辉橄岩。近年来,《中国区域地质志·贵州志》根据构造—岩浆旋回,将右江盆地岩浆活动划分如下:右江盆地火山岩有海西—印支—燕山构造—岩浆旋回阳新世(P_2)偏碱性玄武岩和潜火山相辉绿岩以及阳新世—乐平世(P_{2-3})大陆溢流玄武岩及潜火山相辉绿岩;侵入岩有喜马拉雅构造—岩浆旋回古近纪(E)煌斑岩。岩浆来源为幔源基性岩浆,岩浆活动受大陆板块内部构造环境制约,导岩构造为拉张断裂带(包括后造山伸展拉张断裂带)。

2.4 区域地球物理

地震勘探可以有效揭示地层埋深、构造形态以及岩性组成等,从而提供金矿矿床深部的有用信息(胡煜昭等,2011b;Lü et al. ,2015)。因此,将地震勘探应用于黔西南卡林型金矿的研究,可在更大深度(盆地尺度)和更大范围(成矿带尺度)上探讨区内的深部构造特征,对黔西南卡林型金矿的矿床成因研究及矿产勘查的意义重大(胡煜昭等,2011b,2012)。

地处滇黔桂三省交界的黔西南地区作为右江盆地,是油气地质条件较好的重要领域之一。在区内曾进行过地震勘探工作,地震勘探资料显示,在二叠系含煤岩系区和三叠系碎屑岩区,广西运动(早古生代末)和东吴运动(早二叠世末)形成的不整合面反射波组清晰(图2-5),因而显示出黔西南中部控金构造具有明显的冲断-褶皱构造特征(胡煜昭等,2011a,2012;王津津等,2011)。

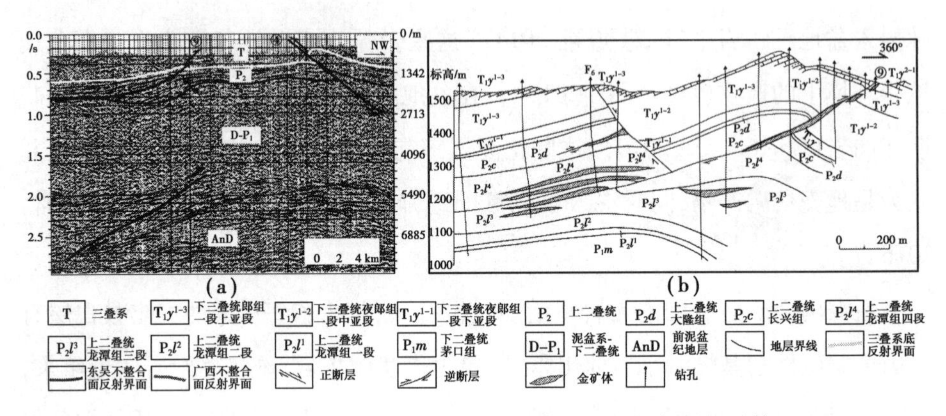

图 2-5　灰家堡金矿田逆冲推覆构造地质-地震对比图(据胡煜昭等,2012)

近年来,贵州地矿局105队对贞丰—普安一带开展了重磁测量工作,圈定了多个推断的隐伏岩体(图2-6),其中酸性岩体最为发育,多以岩基形式产出,大约有四个较大的岩基(G3、G8、G9、G13)。除白地金矿分布于基性-超基性岩体范围内外,区域内金矿床(点)平面上大多落在中酸性岩体分布范围内,远离中酸性岩体分布区,则没有金矿床(点)产出。金矿床(点)的这些分布特征,可能体现出深部隐伏中酸性岩体与成矿作用的密切关系。

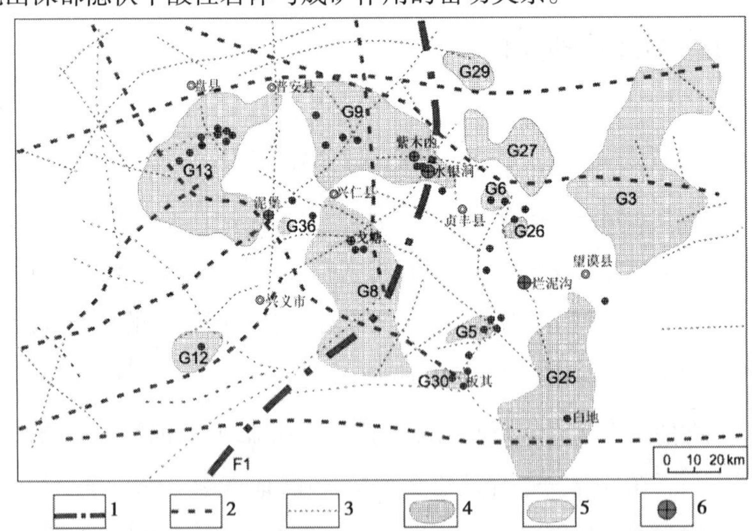

图 2-6　黔西南地区重磁推断的隐伏岩体(据贵州省地矿局105队,2016)

1—推测第一序次断层;2—推测第二序次断层;3—推测第三序次断层;

4—推测的隐伏基性-超基性岩;5—推测的花岗岩;6—金矿床

2.5 区域化探异常及其与金矿分布关系

区域内地球化学异常特征表现为Au-As-Sb-Hg组合异常的分布,组合异常与区内微细浸染型金矿的分布范围及规模大小密切相关(图2-7),且各元素的分布较严格受地质-地球化学背景区划格局制约。

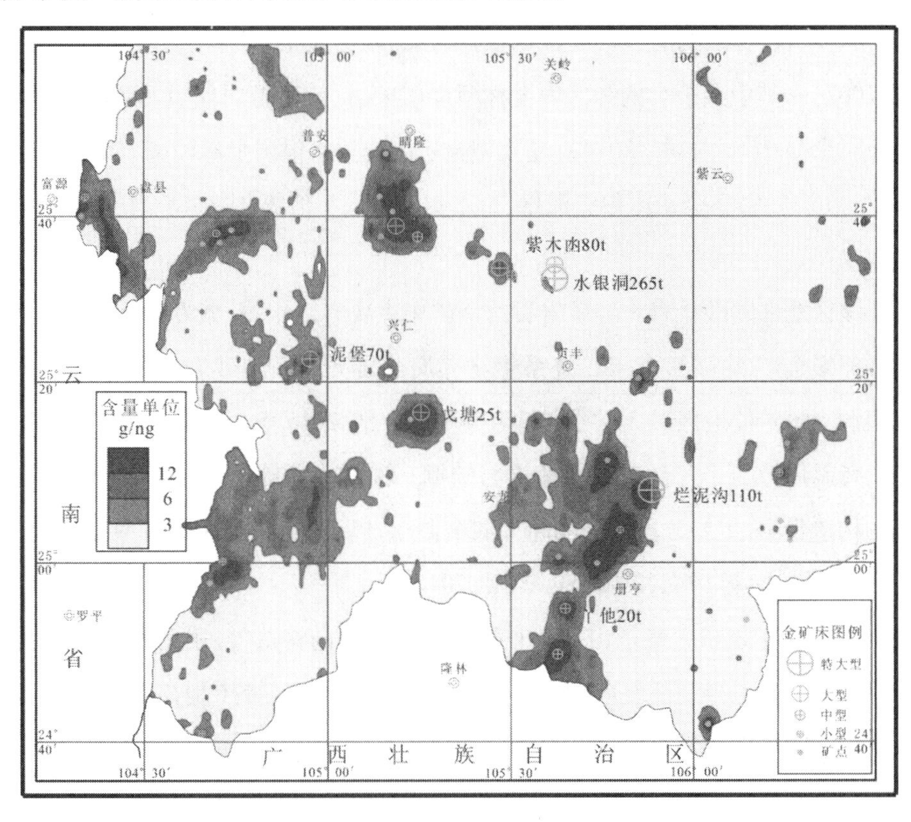

图2-7 黔西南地区金异常及金矿床位置图

据元素含量分布情况,划定西部台地碳酸盐岩相和东部浅海陆源碎屑岩相两个地球化学背景区。西部碳酸盐岩地区Au、As、Hg、Sb元素含量离散性较大,总体背景值较高,元素含量起伏变化舒缓,只在局部或金矿点附近浓集形成异常。而东部碎屑岩地区元素含量变化离散性小,区域分布呈大面积低缓起伏,浓集多出现在已知矿点附近,且异常强度大,规模大,多与断裂蚀变带配套,远离断裂蚀变带异常值迅速降低。

2.6 区域矿产资源

右江盆地区域内矿产资源丰富,区内主要发育的金属矿产包括金(图 1-1)、砷、汞、锑、铅、锌、铊和铀等,非金属矿产包括煤、重晶石、石膏、高岭土等(聂爱国,2007)。其中最著名的为区内卡林型金矿床,目前已探明储量约 800 t,平均品位 4 ~5 g/t(Su et al. ,2018),超大型金矿床包括水银洞金矿(265 t)和烂泥沟金矿(110 t),大型金矿床包括泥堡、紫木凼、戈塘、丫他等,中小型金矿床及矿化点数十个。

该区北部碳酸盐岩为容矿岩石的金矿床主要有水银洞、紫木凼、太平洞、戈塘和泥堡金矿,主要赋存于二叠系生物碎屑灰岩夹钙质细砂岩和砂岩中,其中水银洞为滇黔桂地区最大的层控型金矿(谭亲平,2015;Su et al. ,2018)。在赖子山背斜周缘的浅海台地碳酸盐岩与陆棚—深水槽盆碎屑岩接合部位和碎屑岩的构造带中,主要分布烂泥沟超大型金矿床,以及板其、丫他等大型金矿床及十余处金矿点(陈懋弘,2007;Su et al. ,2018)。

砷矿主要分布于赖子山背斜东翼及册阳东西向构造带,主要有丫他、烂泥沟等矿点。矿点多受南北向、东西向及北东向断裂破碎带控制,矿化体多呈脉状产出。砷矿床伴生有金、锑、汞等。

汞分布于赖子山背斜南、北倾伏端,与北东向断裂及南北向相变关系密切,常与金、砷、锑矿共生产出。

锑矿主要受北东、东西向断层控制,矿体多呈豆荚状产出。金矿常与其伴生产出。

第3章　矿床地质特征

贵州烂泥沟金矿也叫作贵州锦丰金矿，行政区隶属于贵州省黔西南州贞丰县沙坪乡，位于滇黔桂“金三角”矿集区西北部。构造位置处于扬子板块西南缘，赖子山背斜东北部鼻翼突起处。以边界断层 F1 为界，西部为台地相碳酸盐岩层序，东部为盆地相陆源碎屑岩层序，矿体主要赋存于盆地相陆源碎屑岩断层破碎带中。

3.1　矿区地层

烂泥沟金矿位于赖子山碳酸盐台地边缘的陆源碎屑岩盆地一侧，在两大沉积相区域的交接部位，沉积相复杂。以边界断层 F1 为界，西部为台地相碳酸盐岩层序，主要包括石炭系马平组厚层灰岩夹薄层泥页岩，二叠系中统栖霞组灰岩和茅口组灰岩，二叠系上统吴家坪组灰岩及钙质黏土岩；东部为盆地相陆源碎屑岩层序，广泛出露的是三叠系中统许满组第四段、许满组第四段三亚段、许满组第四段四亚段、呢罗组、边阳组（图 3-1）。其中三叠系中统边阳组具有典型陆源碎屑浊积岩的特征，是研究区内主要的赋金层位。三叠系下统罗楼组地层分布于北西部石柱—呢罗一带，分布范围与吴家坪组一致，砾屑灰岩分布在冗半—洛凡一线（表 3-1）。

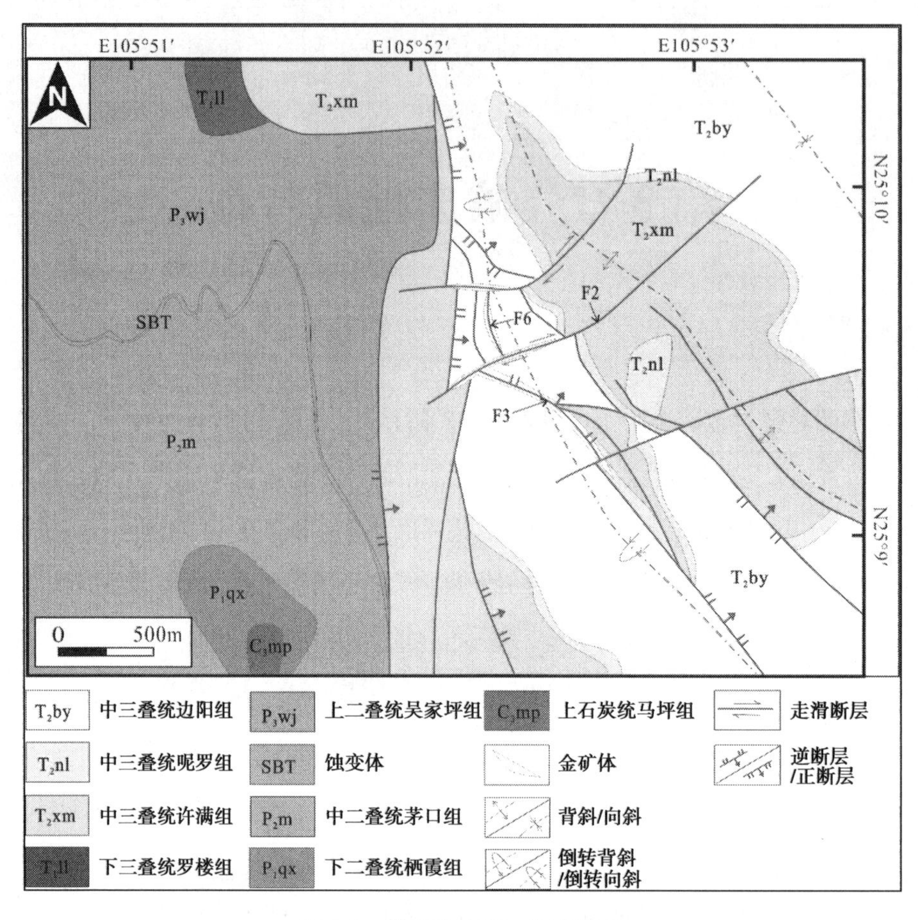

图 3-1　烂泥沟金矿区地质简图

表 3-1　矿区地层划分简表

<table>
<tr><td rowspan="7">三叠系</td><td rowspan="6">中统</td><td colspan="4">边阳组(T_2b)</td></tr>
<tr><td colspan="4">呢罗组(T_2nl)</td></tr>
<tr><td colspan="4">许满组第四段第二层(T_2xm^{4-2})</td></tr>
<tr><td rowspan="3">新苑组(T_2xy)</td><td>第二段(T_2xy^2)</td><td rowspan="3">许满组(T_2xm)</td><td>第四段一层(T_2xm^{4-1})</td></tr>
<tr><td rowspan="2">第一段(T_2xy^2)</td><td>第三段(T_2xm^3)</td></tr>
<tr><td>第二段(T_2xm^2)</td></tr>
<tr><td>下统</td><td colspan="2">罗楼组(T_1ll)</td><td colspan="2">砾屑灰岩(T_1lx)</td></tr>
</table>

续表

<table>
<tr><td rowspan="5">二叠系</td><td rowspan="3">上统</td><td rowspan="2">吴家坪组(P_3wj)</td><td>第二段(P_3wj^2)</td><td rowspan="5">礁灰岩(Pjh)</td></tr>
<tr><td>第一段(P_3wj^1)</td></tr>
<tr><td colspan="2">大厂层(P_3dc)</td></tr>
<tr><td rowspan="2">中统</td><td colspan="2">茅口组(P_2mk)</td></tr>
<tr><td colspan="2">栖霞组(P_1qx)</td></tr>
<tr><td colspan="2">石炭系</td><td colspan="3">马平组(C_3mp)</td></tr>
</table>

现从老到新叙述如下：

①上统马平组(C_3mp)：分布在赖子山背斜核部的央友地区，主要是浅灰色、灰色厚层状、块状灰岩，偶见砾状灰岩和泥页岩夹层，厚度变化较大，为20～520 m。

②石炭系：出露于央平到烂泥沟一线，是一套台地-台地边缘相浅水碳酸盐岩。

③二叠系。

a. 吴家坪组(P_3wj)：仅在矿区北西角小面积出露，岩性为浅灰色、灰色块状水螅海绵礁灰岩，上部为灰色、深灰色厚层块状灰岩、生物碎屑灰岩、细晶及亮晶生物灰岩，白云质化强烈，厚度大于200 m。

b. 茅口组(P_2mk)：主要分布在矿区的南西部，岩性主要为浅灰色中厚层至厚层状亮晶灰岩、生物灰岩。厚度大于200 m，并与下伏的栖霞组整合接触。

c. 栖霞组(P_1qx)：仅在矿区西南角小面积出露，岩性主要为灰色、浅灰色中厚层泥晶灰岩、生物灰岩，偶见燧石灰岩、泥质灰岩夹层，缝合线构造发育，厚度约为100 m。

④三叠系。

a. 边阳组(T_2by)：广泛分布于矿区范围内，岩性以灰色薄至中厚层状、厚层状(少许块状)细砂岩、粉砂岩、杂砂岩为主，夹灰色薄至中厚层状黏土岩，或砂岩与黏土岩互层。砂岩具有细砂粒状结构、粉砂粒状结构，黏土岩具有显微鳞片状结构。砂岩碎屑成分以石英为主，次有硅质岩屑、长石、锐钛矿、金红石等副矿物。碎屑颗粒的分选及磨圆度中等，含量在80%左右，胶结物为水云母黏土矿物，次有钙、硅质等，含量10%～20%，以孔隙式胶结为主。边阳组是矿区的主要赋矿地层，厚度大于500 m，最高可达800余m，与下伏地层呢罗组呈整合接触。

b. 呢罗组(T_2nl)：矿区内主要在露天采坑南部边坡可见，岩性以灰、深灰色薄层状钙质黏土岩为主，夹薄层状泥质粉砂岩，中下部夹0～7 m厚的瘤状灰岩，总厚10～46 m。与下伏许满组为整合接触。该套地层岩性比较特殊，是本区重要的标志层(图3-2)。

图3-2　矿区南部边坡呢罗组标志层

c. 许满组第四段第四亚段(T_2xm^{4-4})：在矿区内分布于较广，主要岩性为灰色厚层至块状石英砂岩，层间偶夹薄层黏土岩，底部(厚约5 m)为灰色薄至中层砂岩夹蓝灰色薄层黏土岩，强风化后呈浅灰、灰白色。砂岩中常见星点状、结核状粗粒立方体黄铁矿。该套地层是矿区的重要填图标志，同时也是重要的赋矿层位，厚度为40～60 m。

d. 许满组第四段第三亚段(T_2xm^{4-3})：上部为蓝灰色、灰绿色厚层钙质泥岩、泥岩，层理不明显，厚度约50 m；中部为灰绿色中至厚层黏土岩夹灰色中厚层砂岩及其透镜体,砂岩夹层最厚达2~15 m,厚度约40 m;下部为灰绿色、灰色厚层泥岩、薄层黏土岩夹薄层至中厚层砂岩及其透镜体,层理不明显,厚度约30 m。

e. 许满组第三段(T_2xm^3):分布在马熊洞至亭上一线以北,底部以浅灰绿色火山碎屑凝灰岩(在区域上被称为"绿豆岩")为特征,下部为青灰色薄层灰岩、泥灰岩,有较多黏土岩夹层,具有含灰色薄层至中厚层细砂岩、粉砂岩夹层;中部主要为灰色、灰黄色薄层状黏土岩,含少量深灰、青灰色含泥质灰岩及深灰色粉砂岩透镜体;上部主要为灰色薄层至中厚层黏土岩、青灰色薄层状含泥质泥晶灰岩互层;顶部以青灰薄层状灰岩为主。岩石水平纹层理发育,以灰岩、泥灰岩结束为标志与上覆地层分界,厚度为50~80 m。

④第四系:分布于矿山内的各斜坡、山间洼地及各冲沟的沟底地段,岩性主要为耕植土及黏土,局部地段混灰岩的风化碎块和崩积块体,出露厚度极不均一,厚度为0~11.60 m。

3.2　矿区构造

烂泥沟金矿床作为江南复合造山带内构造控矿的典型,除历次勘查外,罗孝恒(1993)对主要控矿构造F3进行过露头尺度的研究,陈武等人(1995)进行过显微尺度的研究,陈懋弘等人(2007a)运用构造解析的方法,对矿区构造特征、构造演化和构造控矿作用进行了较系统的阐述,叶春和杜定全(2018)进行过典型剖面研究,郑爽等人(2020)基于矿区及邻区断裂构造的野外观察,进行过几何学、动力学分析。

以近南北向边界断层F1大致为界,烂泥沟金矿区可划分为两个景观截然不同的构造变形区。西部二叠系开阔到半局限台地浅水碳酸盐岩分布区,赖子山背斜西翼以单斜构造为主,地层倾向南、南东,往赖子山背斜南段,倾向渐变为北东,产状平缓,倾角10°~28°;东部早、中三叠世台地边缘斜坡至深水相陆源硅质碎屑岩分布区构造复杂。按断裂构造发育程度可进一步分为两个区,安堡—坪煤一线以北，构造相对简单，以褶皱为主，断裂次之，由一系列线状近于平行的北西向背斜和向斜相间排列并伴有少量近南北向断裂；该线以南，以北西向雁行式褶皱、断裂相伴发育为主，局部发育近南北向及北西向断裂（图3-3），褶皱被断裂切割破坏，形态多不完整。

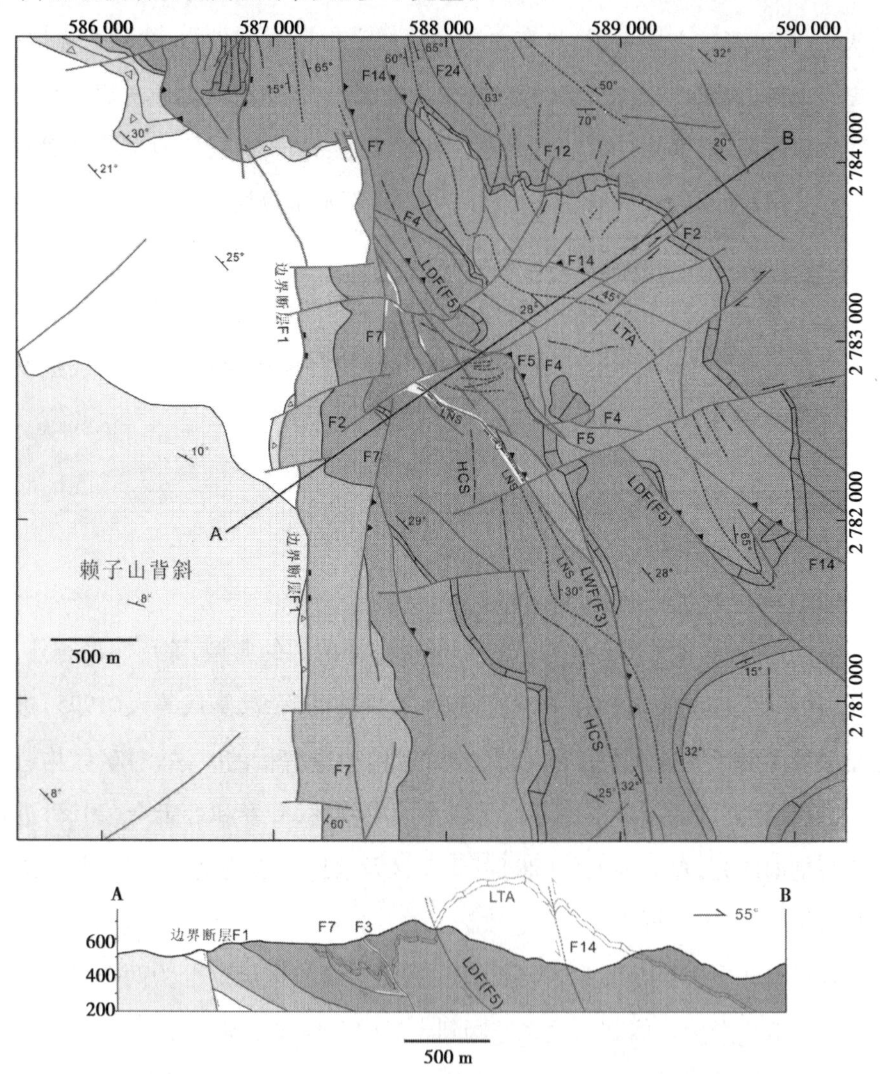

图 3-3　烂泥沟金矿区构造简图（据 Hu et al.，2022）

缩写：LDF—罗顿断层（F5）；LTA—林坛背斜；LNS—烂泥沟向斜；HCS—磺厂沟向斜

矿区构造按构造形迹可分为近南北向、北西向和北东向三组，图 3-4 显示了矿区露天采坑范围内构造情况，由于矿区经历了多期次构造应力影响，致使矿区内构造复杂，构造叠加现象明显，从矿区尺度来看，具有明显的构造右旋迹象。

（1）近南北向构造

近南北向构造的褶皱主要有安堡向斜、花牛田背斜，分布于安堡—坪煤一线以北；断层主要有 F1、F7 及 F80 南段，F1、F7 分布于中-南部二叠系碳酸盐岩和三叠系陆源碎屑岩接触带附近靠碎屑岩一侧，其中 F1 沿 T/P 不整合面发育，F7 则是陡立的同生断层，都经历了多期次活动，包括盆地裂陷期的同生正断，造山期间的挤压逆冲（陈懋弘等，2007）。F80 分布于矿区北部花牛田背斜西翼，自花牛田背斜南倾伏端附近折向北西。

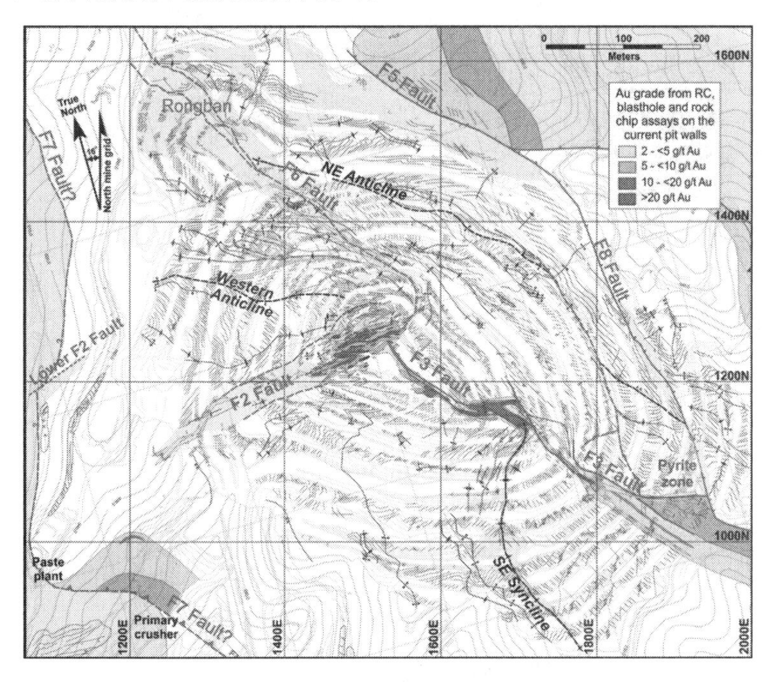

图 3-4　烂泥沟金矿露天采坑构造分布图（据锦丰金矿，2011）

（2）北西向构造

北西向构造的褶皱有安堡—坪煤以北的老屋基北东背斜、平民—亭上背斜、毛泽—亭上背斜及其间发育的向斜，这些线状褶皱近平行排列构成侏罗山式褶皱组合；安堡—坪煤以南，有长轴林坛背斜、烂泥沟向斜及发育于其间的上冗半向斜、冗半背斜、磺厂沟向斜、磺厂沟背斜、磺厂沟倒转背斜等短轴背斜（图3-5），它们自北向南渐次斜列构成雁行式褶皱组合样式。

图3-5　露天采坑西部边坡磺厂沟背斜及上盘歪斜褶皱

断层包括矿区西部的板昌逆冲推覆断裂，矿区内自北向南依次有F14、F5、F4、F3、F6。这些断层多倾向北东，倾角35°~75°，造山期以逆冲为主，晚期则以正滑-右旋为主（陈懋弘等，2007a）。

（3）北东向构造

北东向构造的褶皱规模小，多为宽缓状露头尺度的背斜、向斜叠加于上述近南北向构造和北西向构造褶皱之上。北东向断层规模小，以F2、F12为代表，以陡倾斜走滑为特征，常切割前述两组构造。

（4）构造分期与演化

烂泥沟金矿床地处册亨东西向紧闭褶皱变形区中部偏北东，处在该区东西向构造、北西向构造及近东西向构造三组构造构成的三角地带的北部顶点，具有典型的表层构造特征，系印支-燕山期构造运动的产物。根据构造形迹组合特征，印支-燕山期构造运动可分为四个阶段，对应的区域应力场依次为：南北向挤压（Ⅰ）、东西向挤压（Ⅱ）、北东—南西向挤压（Ⅲ）和北西—南东向挤压（Ⅳ）（罗孝桓，1998）。陈懋弘等人（2007）认为，烂泥沟金矿区构造变形主要经历了同生期裂陷（D2～T2）、造山期挤压（T3）、后碰撞造山期侧向挤压（J1）和岩石圈伸展（J2～K）等四个阶段（图3-6）。成矿发生在由挤压向拉张过渡的构造体制转换阶段，造山期逆冲作用形成的构造闭圈和后碰撞造山期间挤压向伸展转变的过程中形成的局部张性构造环境是矿质得以大量聚集、沉淀的主要构造控制因素（陈懋弘等，2007a）。

郑爽等人（2020）将烂泥沟金矿区的构造分为伸展构造和挤压构造两类。伸展构造发育于上古生界-中三叠统许满组第二段中，其上（许满组第三段及其上覆地层）则发育大量冲断-褶皱构造，结合前人对许满组第二段火山岩测年结果（246～248 Ma）（下三叠世奥伦尼克期末期至安尼期早期，国际年代地层表2021），认为该时间代表了伸展到挤压的构造转换时间，与陈懋弘等人（2007）划分的同生裂陷阶段（D2～T2）到造山期挤压阶段（T3）可对应。

3.3　矿体特征

烂泥沟金矿矿体主要赋存于断层破碎带中，明显受到断层控制。以F2断层为界，将烂泥沟矿床分为两个矿段，北西部为冗半矿段，受F6断层控制，称为R6号矿体；南东部为磺厂沟矿段，主要受F3断层控制的H3号矿体和F2断层控制的H2号矿体。矿体的主要部分位于磺厂沟矿段的北西向断层F3中，占整体储量的80%以上。容矿围岩与矿体岩性并没有明显区别，均为许满组到边阳组的细砂岩和泥岩。

冗半矿段由大小不等的十余个小矿体组成，各小矿体分别赋存于规模不等、产状各异、性质不同的断层破碎带中。该矿段的特点是矿体多，但规模较小,品位低,矿体连续性较差。矿体走向主要受到与F3断层平行错位的F6断层控制,向矿区的北西方向展布,并受到矿区内次级断裂的控制。

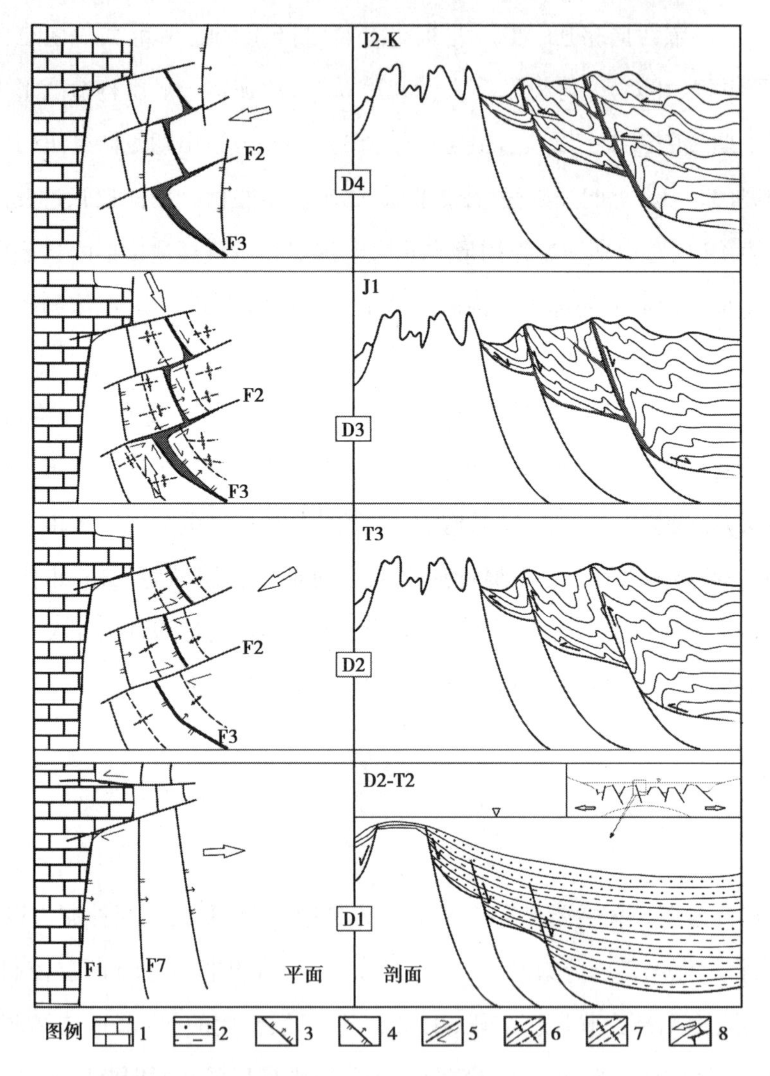

图3-6　烂泥沟金矿床构造演化阶段和发展史(据陈懋弘等,2007)

1—灰岩;2—砂泥岩;3—正断层;4—逆断层;5—走滑断层;

6—D2期背斜/向斜;7—D3期背斜/向斜;8—应力方向/矿体

该矿体位于F2断层北西侧的F6断裂带中,矿体形态为透镜状、扁豆状分布,产状与F3断裂带一致,总体走向341°,倾向71°,倾角18°~45°,控制走向长

310 m,倾向延伸 260 m,矿体单工程厚度 0.86 ~ 28.78 m,总体上为南东较厚,向北西方向逐渐变薄。矿体的单工程矿体品位为 1.19 ~ 12.79 g/t,平均品位为 4.30 g/t,金品位有向南东方向逐渐升高的趋势。

磺厂沟矿段包括 F3 断层控制的 H3 号和 F2 断层控制的 H2 号矿体,矿体以规模大、品位高、矿体垂向连续性好为特点。其中受北西向 F3 断裂带控制的 H3 号矿体是整个矿床最主要的矿体,控制了烂泥沟金矿的大部分金资源量。

H3 矿体位于 F3 断层破碎带中,矿体受 F3 断裂破碎带及破碎带两侧劈理化带、节理密集带、有利成矿的岩性段控制,矿体呈似层状、板状产出。矿体产状与 F3 断裂带一致,总体走向为 294°,倾向北东,倾角变化较大,为 22° ~ 86°,甚至直立或倒转。因受到 F3 断裂带制约,矿体陡缓变化,膨大狭缩较为突出,矿体剖面形态呈"S"形波浪状。矿体单工程真厚度为 0.63 ~ 61.37 m,平均厚度为 14.14 m。矿体金品位最高可达 43.75 g/t,平均品位为 5.69 g/t。

H2 矿体受到北东向 F2 断裂带的控制,矿体产状形态与断裂带一致,倾向南东,总体倾向 150°,倾角 75° ~ 80°,矿体局部也存在直立甚至反倾的现象。矿体走向长度为 460 m,沿倾向方向控制最大斜深 482 m。矿体形态为似层状、板状,单工程真厚度为 0.63 ~ 17.67 m,平均厚度为 11.00 m。矿体单工程平均品位为 1.08 ~ 10.96 g/t,平均金品位为 3.96 g/t。矿体在 F3 和 F2 交汇区形成厚大富矿体(图 3-7)。

烂泥沟金矿主矿体包括磺厂沟矿段和冗半矿段,整体来看,磺厂沟矿段矿体连续性好、品位高,冗半矿段矿体分散、品位低。但在矿体富集和变化规律方面具有一定的相似性。

矿体在空间分布上均沿着构造带分布,严格受构造控制。冗半主矿体受 F6 断层控制,从矿体三维空间模型及地质资料可以看出,F6 断层为一个较宽的破碎带,且其周边存在较多次生断层,在与其交汇处矿体膨大,且品位较高;磺厂沟主矿体受 F3 和 F2 断层控制,整体倾向北东,呈现上陡下缓的特征,在 F2 和 F3 断层交汇处形成厚大富矿体,且在其他次生断层与主断层交汇处也同样具有

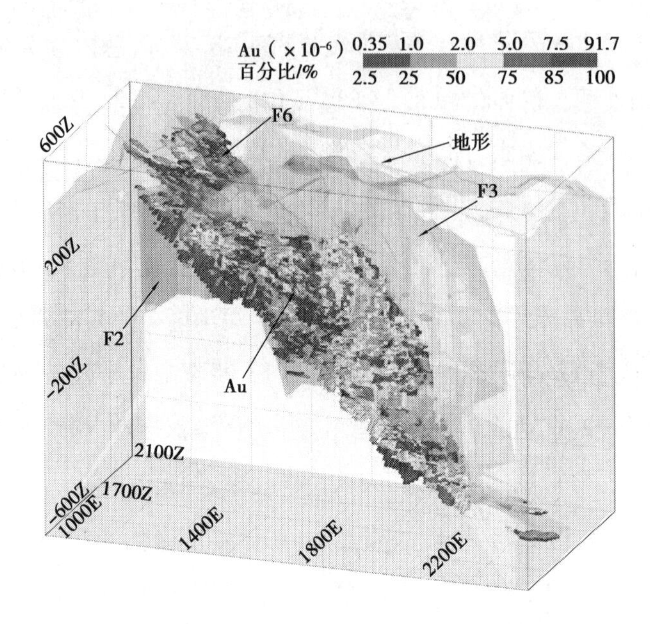

图 3-7 矿体空间分布特征

类似特征，在三维空间模型中可以清晰地看到矿体被断层破碎带所包围。

矿体空间分布与构造变形程度具有相关性，在断层破碎带内其岩石破裂程度不同，主要有断层角砾岩、碎裂岩、透镜体、高变形泥岩等，从矿山生产实践及矿区岩石质量指标 RQD 值发现，岩体越破碎，矿石品位越高。在断层交汇处构造变形程度较高、破碎带大，矿体膨大且品位高，说明矿体厚度及品位、构造变形强度、断层破碎带宽度几者之间的变化是基本同步的。

烂泥沟金矿为典型的断控型金矿，在三叠纪地层中（T/P 界面之上）均有矿化，尽管如此，同一断层、同一位置的金品位仍有较大变化。在细砂岩和粉砂岩中，金品位较高，而在以砂岩为主夹薄层泥岩的位置，金品位相对较低。岩性组合对金矿化的控制作用，是各类岩石本身的物理化学特征所导致的必然结果，如砂岩中颗粒较粗，在构造作用下易形成构造角砾岩及大量裂隙，有利于成矿流体进入。而在砂岩和泥岩互层（泥岩为主）的岩性组合中，泥岩起到隔水层作用，成矿流体不易进入沉淀成矿，对成矿不利。

3.4　围岩蚀变特征

烂泥沟金矿矿化特征主要表现为含金硫化物呈微细粒浸染状分布于断层破碎带粉砂岩、泥岩、破碎角砾岩中。通过露天坑和井下观察，可见矿体分布在断层破碎带中，具有明显的挤压痕迹，手标本尺度观察可见强烈的黄铁矿化、硅化、雄(雌)黄矿化及碳酸盐化[图3-8(a)—(c)]，石英脉与方解石脉具有相互切割的特征[图3-8(c)]，有明显孔洞，为去碳酸盐化作用的结果。金主要呈“不可见金”赋存在含砷黄铁矿环带及毒砂中[图3-8(g)—(i)]，矿石中黄铁矿大量发育，而围岩中黄铁矿稀少，主要为成矿流体与围岩发生水-岩反应硫化作用的结果。含金黄铁矿多呈自形-半自形产出，环带具有带状分布特征，与砷富集关系密切，也体现了成矿流体沉淀过程。毒砂单晶体一般呈自形针状、矛状产出，集合体多呈放射状产出[图3-8(h)]。

矿床围岩蚀变以典型的低温热液蚀变为特征，依断裂破碎带产出。蚀变类型有黄铁矿化、毒砂化、辰砂化、硅化、辉锑矿化、雄(雌)黄矿化、碳酸盐化、黏土(伊利石)化等(图3-9)，其中硅化和黄铁矿化最为普遍。

①黄铁矿化：黄铁矿是烂泥沟金矿床最重要的载金矿物，金主要赋存在含砷环带黄铁矿中。黄铁矿化可分两期，第一期为矿体中的核部黄铁矿化Py4，第二期主要为矿体中的环带黄铁矿OPy(图3-10)，黄铁矿化常与硅化石英紧密共生。

金、砷含量与黄铁矿结晶程度有关，结晶程度低，如他形、半自形、不规则形、浑圆形的含金、砷高。黄铁矿环带含金量高于核部，环带中金、砷含量远高于核部，且环带越宽含金量越高。

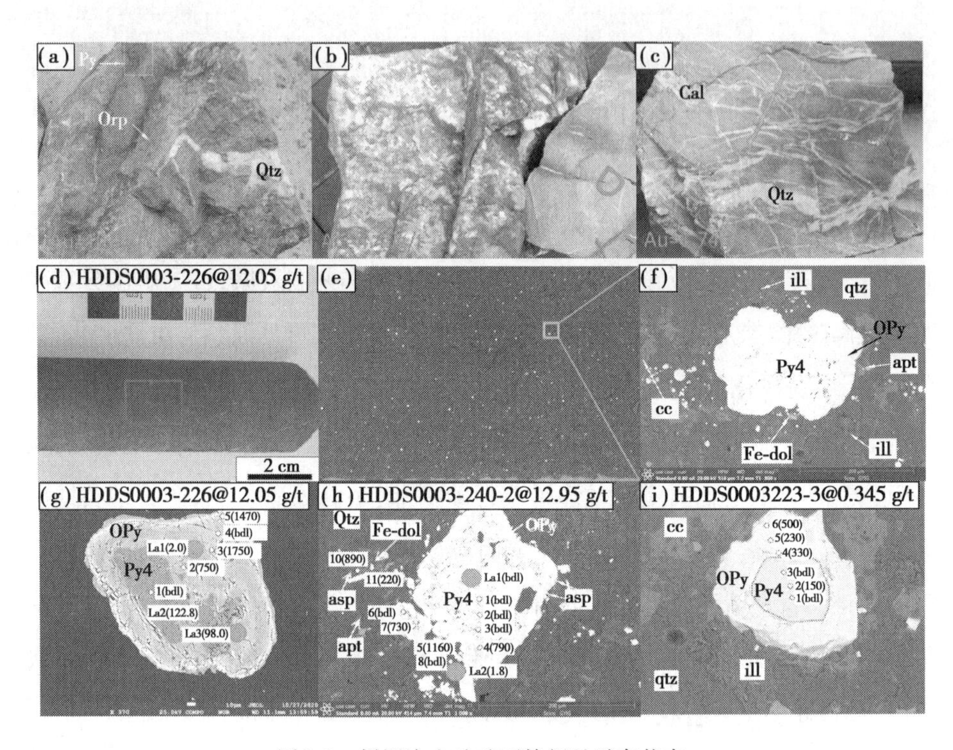

图 3-8　烂泥沟金矿矿石特征及赋存状态

(a)井下矿高品位矿石,黄铁矿化发育,具硅化、雌黄矿化,局部见辰砂;(b)正常品位矿石,方解石脉和雌黄发育;(c)低品位矿石,石英脉和方解石脉发育,且相互切割;(d)高品位钻孔岩芯,黄铁矿发育;(e)岩芯薄片,可见大量黄铁矿发育;(f)扫描电镜图像,黄铁矿具环带结构,石英、伊利石围绕黄铁矿,可见铁白云石和磷灰石及方解石;(g)扫面电镜图像,黄铁矿具环带结构,金主要赋存在黄铁矿环带上;(h)扫描电镜图像,毒砂沿黄铁矿边缘发育,黄铁矿环带及毒砂含金;(i)扫描电镜图像,黄铁矿具明显环带结构。

Cal—方解石;Rel—雄黄;Orp—雌黄;Qtz—石英;Py4—第四类黄铁矿;OPy—成矿期黄铁矿;ill—伊利石;Fe-dol—铁白云石;apt—磷灰石;asp—毒砂。

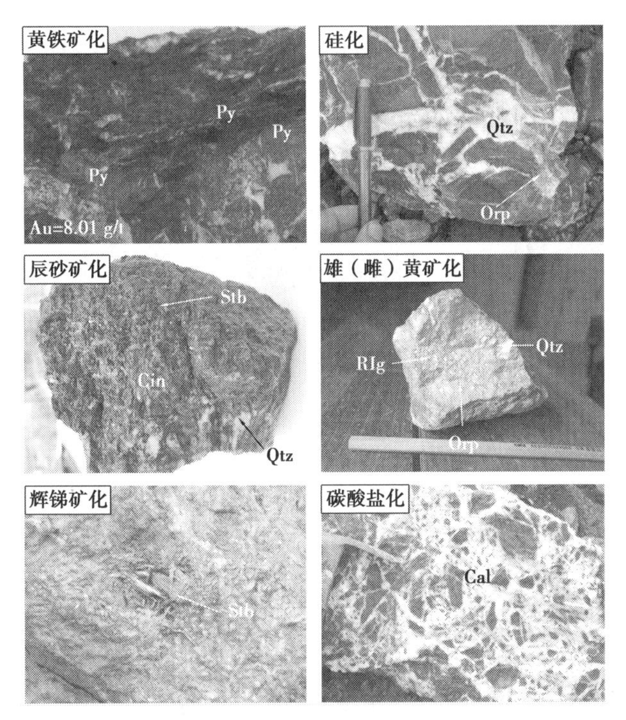

图 3-9　烂泥沟金矿蚀变特征

Cal—方解石；Cin—辰砂；Rel—雄黄；Orp—雌黄；Qtz—石英；Py—黄铁矿；Stb—辉锑矿。

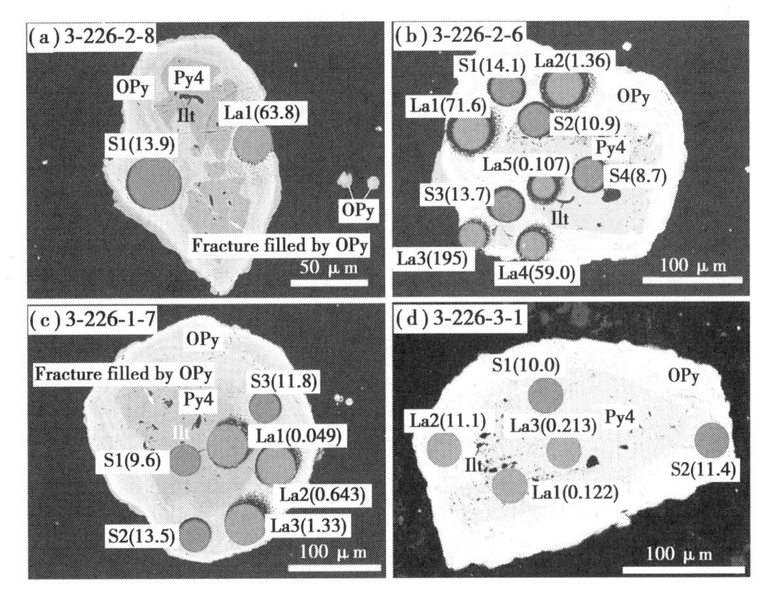

图 3-10　黄铁矿化特征

②毒砂化:在烂泥沟金矿床中占矿石矿物平均含量<0.5%,是除黄铁矿外,位居第二的重要载金矿物。粒度0.005~0.08 mm,以浸染状分布为主,结晶程度高者呈细小的菱角体、针柱状、毛发状晶形。F3下盘数米至十数米范围,粉砂岩、黏土岩中稀疏浸染状毒砂十分发育。

③辰砂矿化:在矿区内局部见到辰砂矿化,主要分布在F2与F3断层交汇处西侧,如采场内的230W2#&3#及其对应位置的条带上。与硅化石英及铁白云石、方解石、辉锑矿共生,呈团块状、粒状、细小板状。其形成分为两个世代:第一世代为自形晶,粒度为0.003~0.03 mm,第二世代为他形粒状,粒度为0.03~0.1 mm。

④硅化:烂泥沟金矿硅化较为明显,且与成矿关系密切。硅化可归纳为四期,第一期硅化作用较弱,形成的石英浑浊、透明度低。硅化沿原岩胶结物和杂基进行交代,形成他形细粒石英、玉髓,其中常见原岩矿物(炭质、泥质、碎屑物等)残余物,并伴有不规则港湾状黄铁矿化;第二期硅化作用较强烈,形成不规则他形微-细粒状石英,沿原岩胶结物和杂基进行普遍交代,构成花岗变晶结构,其中常见原岩矿物残余物,伴随大量的半自形,他形粒状浑圆状含砷黄铁矿和毛发状、针状毒砂;第三期硅化作用形成表明洁净、颗粒较为粗大(粒径0.2~1.8 mm)的他形粒状、半自形-他形粒状石英。石英呈不规则状和粗脉状集合体交代围岩,伴随铁白云石、方解石、辉锑矿和辰砂;第四期硅化作用较弱,形成他形显微-微粒状石英,或呈细脉状产出,切穿前三期石英。

⑤辉锑矿化:分布十分局限,呈他形粒状,粒度为0.1~0.9 mm,见波状消光和碎裂现象。辉锑矿化可分为两期:第一期呈粗大脉状与硅化石英、铁白云石、方解石紧密共生,生成时稍晚;第二期粒度细小,呈细脉状与高岭土共生。

⑥雄(雌)黄矿化:仅见于磺厂沟矿段,通常呈致密状产于石英-方解石细脉和网脉中,局部呈厚0.01~0.05 cm的脉产出。

⑦碳酸盐化:为晚期热液作用产物,碳酸盐化表现为方解石和铁白云石,主要分布在矿体尖灭部位,常与硅化石英脉相互交错,与烂泥沟金矿经历多期次

构造作用有关。

⑧黏土化:为热液作用晚期产物,主要为高岭石化,分布局限。黏土化可分为两期:第一期为他形微粒状,充填于硅化石英的孔洞中,交代石英、热液白云石、方解石,并与它们组成混合脉;第二期呈细脉状穿插于岩石中。

黄铁矿环带含金是右江盆地卡林型金矿床的普遍特征,黄铁矿核部、环带S同位素组成基本相似,分布范围窄($\delta^{34}S$:0.76%~1.33%),与沉积黄铁矿的S同位素组成不同($\delta^{34}S$:-5.33%~11.5%)。这些黄铁矿核部和环带S同位素组成的相似性表明,成矿前流体和成矿期流体极有可能有共同来源。总的来说,右江盆地卡林型金矿床中普遍存在成矿期热液活动形成的黄铁矿(环带)包裹成矿前热液形成的黄铁矿(核部),暗示着存在大规模的成矿前热液活动,即存在两期热液活动。

近20年来,对右江盆地卡林型金矿床获得了丰富可靠的热液矿物测年成果,大致可分为两组年龄:130~150 Ma和200~230 Ma,这意味着该区具有两期低温热液成矿(Hu et al.,2017)。右江盆地卡林型金矿床可能经历了晚三叠世印支期和早白垩世燕山期两期热液事件。晚三叠世热液事件可能是古特提斯洋在印支陆块与华南陆块碰撞过程中俯冲到印支陆块之下引起的(Khin et al.,2014),早白垩世热液事件可归因于华南下太平洋岩石圈向西板块俯冲的远场效应(Li and Li,2007)。从烂泥沟金矿黄铁矿组成及成分(详见第6章)、矿物切割关系(图3-11)也可以看出,在烂泥沟金矿存在两期热液事件。

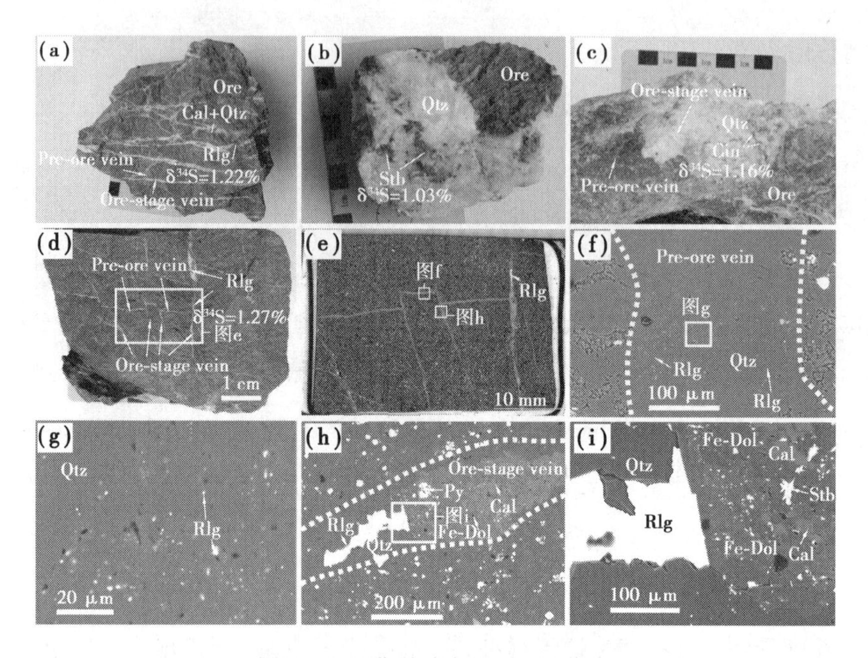

图 3-11　两期热液方解石和石英脉

(a)—(d):矿石照片;

(c)—(f):方解石和石英脉共生的雄黄、辉锑矿和辰砂背散射 BSE 图

Fe-Dol—铁白云石,Rlg—雄黄,Stb—辉铁矿,Cin—辰砂,Qtz—石英,Cal—方解石,Py—黄铁矿

第4章　矿区构造格架及三维构造建模

烂泥沟金矿是典型的断裂控矿型金矿床，其矿体空间分布与矿区构造格架及演化具有密切关系。矿区构造的形成受构造应力场的控制，在多期次构造应力的长期作用下，烂泥沟金矿区形成了复杂的构造体系（罗孝桓，1993；陈懋弘，2007；Su et al.，2018），因此，研究矿区构造应力场对分析矿区构造演化及其控矿规律具有重要意义。构造应力场是指导致构造运动的地应力场或由构造运动产生的地应力场（万天丰，2004；Yang et al.，2014）。

本书通过对古构造应力及原岩应力进行测试，结合矿区地震剖面、广域电磁法等物探资料及矿区地质构造特征，提出了矿区"三级构造"格架体系，建立了矿区主要控矿构造三维模型，从三维空间上分析了成矿与构造的耦合关系，解释了烂泥沟金矿成矿流体的运移通道及其沉淀空间问题，为烂泥沟金矿成矿模式的建立及深部或外围找矿提供了新的理论依据。

4.1　矿区构造格架

烂泥沟金矿区大致以F1断层为界分为西部台地和东部盆地两个构造单元。西部台地主要为石炭系-二叠系灰岩，东部盆地主要为三叠系陆源碎屑岩。矿区内主要识别出三组构造，即NS向同生断层、NW向控矿断层及NE向断层。前人主要通过地表填图及钻探等方式对烂泥沟金矿区构造格架做了大量研究，但研究的构造深度有限，一般为500～600 m以浅。本书结合矿山已有科研项目,利用地震和广域电磁法等物探手段对矿区深部构造进行探测。由于物探数据解译通常具有多解性,因此,根据物探剖面解译成果,对隐伏构造进行钻探验证,再结合地表和钻遇构造变形特征,厘清矿区构造体系,为矿区深部及周边找矿提供理论支撑。

4.1.1 广域电磁法构造解译

广域电磁法是由中南大学何继善院士提出的一种人工源频率域电磁测深新方法,是利用电性特征分析预测地层发育、构造形态、断裂展布及含油气情况等的电法类勘探技术,主要应用于油气勘探、深部找矿、煤矿水害探测、地质灾害防治等,具有勘探深度大、观测范围广、工作效率高、测量精度高、适应性强等特点(何继善,2020)。本书结合烂泥沟金矿(贵州锦丰)与湖南继善高科技有限公司利用广域电磁法在烂泥沟金矿区进行的深部构造探测研究项目,对广域电磁法测量剖面进行解译。由于物探解译结果通常具有多解性(何继善,2019,2020;何继善和李帝铨,2019),因此,需要与已有地质构造资料相互印证,或者与其他物探信息,如地震剖面解译结果,进行对比研究。

广域电磁法主要通过不同岩性的物性差异,解译研究区深部相对低阻区域(构造带),因此,首先需要对矿区岩石物性进行测量。本文在收集矿区以往物性测量资料的基础上,共测定了 186 块岩心标本的视电阻率(Ω · m)和幅频率(%),包含地层、矿石标本共计八类,测定结果见表 4-1。

表 4-1 矿区标本物性测量电性参数

地层/岩矿石名称	件数/块	视电阻率 ρ/(Ω · m)		幅频率 Fs/%	
		范围	平均值	范围	平均值
边阳组泥岩	6	92 ~ 636	298	0.5 ~ 2.0	1.0
呢罗组石英砂岩	5	179 ~ 966	483	0.2 ~ 2.0	1.2
许满组(T_2xm^{4-3})	15	95 ~ 869	337	0.2 ~ 4.5	1.3

续表

地层/岩矿石名称	件数/块	视电阻率 $\rho/(\Omega \cdot m)$		幅频率 $Fs/\%$	
		范围	平均值	范围	平均值
许满组(T_2xm^{4-4})	53	84 ~ 1 919	343	0.2 ~ 2.5	1.2
许满组(T_2xm^3)	6	235 ~ 2 518	858	0.3 ~ 1.9	1.2
边阳组砂岩	22	55 ~ 1 479	711	0.9 ~ 5.2	2.2
呢罗组石英砂岩	1	206	206	1	1.0
许满组砂岩	12	80 ~ 911	427	0.4 ~ 6.6	2.2
罗楼组灰岩	8	606 ~ 5 500	3 379	2.1 ~ 7.4	4.4
吴家坪组灰岩	19	1 416 ~ 9 198	5 827	0.8 ~ 9.9	3.2
大厂组凝灰质黏土岩	3	564 ~ 2 024	1 292	0.5 ~ 1.4	0.8
茅口组灰岩	15	5 228 ~ 12 340	8 629	0.9 ~ 2.7	1.9
栖霞组灰岩	10	3 931 ~ 9 995	6 807	1.2 ~ 10.1	3.8
马坪组灰岩	11	6 790 ~ 14 551	9 146	1.4 ~ 3.3	2.1

由于视电阻率测定远比磁化率复杂,受岩石各向异性、岩石表面干湿程度不同、测量装置不同等因素的影响,测定的结果变化范围往往很大,这是正常现象,因此,需要测量一定的数量,用统计科学弥补个体差异。电阻率平均值采用几何平均计算,可以减少因个别极大或极小值带来的影响,中值反映的是一组按大小顺序排列数值的最中间位置。以几何平均值为主、中值为辅,两者结合的统计方法更科学、更有代表性。矿区标本物性测量对比结果如图4-1所示。

结合收集的物性资料和本次物性的测量资料,可以大致明确各地层岩性的物性情况,其电性特征总结如下:

①边阳组泥岩、砂岩,呢罗组石英砂岩,许满组泥岩、砂岩,以及矿石等地层的视电阻率变化范围不大,其几何平均值和中值都显示其视电阻率均在1 000 Ω · m以下,因此,其视电阻率特征为低阻;幅频率除矿石外,其余均为低极化。其中泥岩的平均视电阻率小于砂岩的平均视电阻率,砂岩的平均视电阻率小于矿石的平均视电阻率。

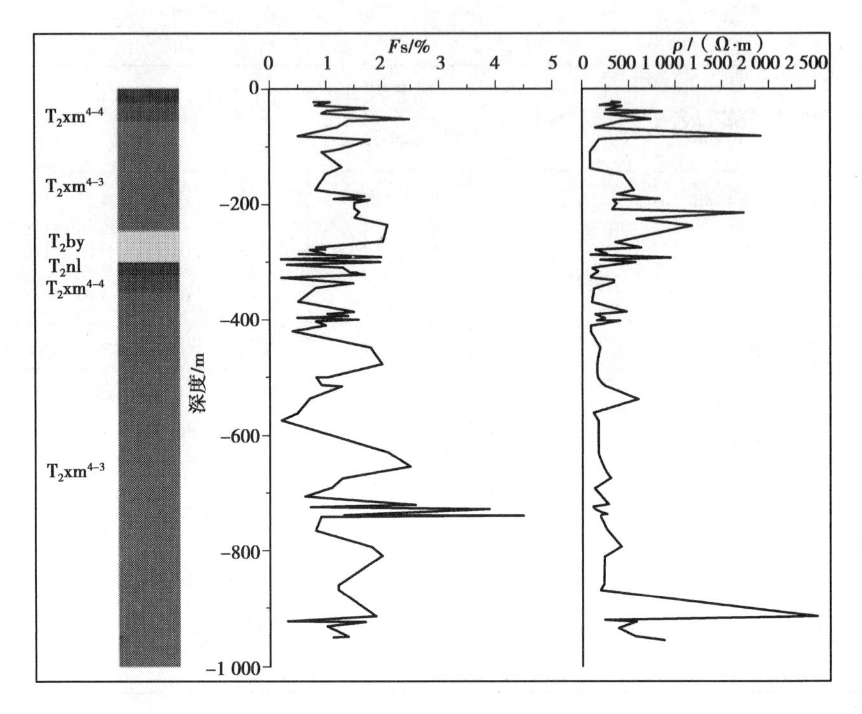

图 4-1　矿区标本物性测量对比结果图

②吴家坪组灰岩、茅口组灰岩、栖霞组灰岩、马坪组灰岩等地层视电阻率变化范围相对较大,为 1 500 ~ 16 000 Ω · m,几何平均值和中值显示其视电阻率在 5 800 ~9 200 Ω · m,其视电阻率特征为高阻;幅频率均为低极化。因此,矿区灰岩地层的电性特征为高阻低极化。

③罗楼组灰岩、大厂组凝灰质黏土岩等地层,几何平均值和中值显示其视电阻率在 1 000 ~3 500 Ω · m,因此,其视电阻率特征为中阻。

综上所述,矿区各类地层岩石之间存在较为明显的视电阻率差异,具备较好的深部构造探测的地球物理前提条件。

本书选择烂泥沟矿区中四条相近的主要剖面进行解释(图 4-2),分别为 GY00、GYJ0A、GYJ0B、GY01 线。根据反演剖面上的三个主要电性层,推断区内五个对应的地质体,低视电阻率电性特征对应的为三叠系边阳组和许满组泥岩;中低视电阻率电性特征对应的为三叠系边阳组和许满组砂岩、呢罗组石英砂岩、泥晶灰岩、生物碎屑灰岩等；高视电阻率电性特征对应的为二叠系、石炭系灰岩层。依据广域电磁法视电阻率拟面图、反演综合剖面图及相关地质资料，在区内共推断划分了 39 条断裂构造带。其中地表有出露，且与已知断裂构造对应的有 14 条，未控制或隐伏的构造有 25 条。此次研究主要对矿区西部 F1 断层及主控矿构造 F3 断层进行解译并对比地震剖面进行相互印证。

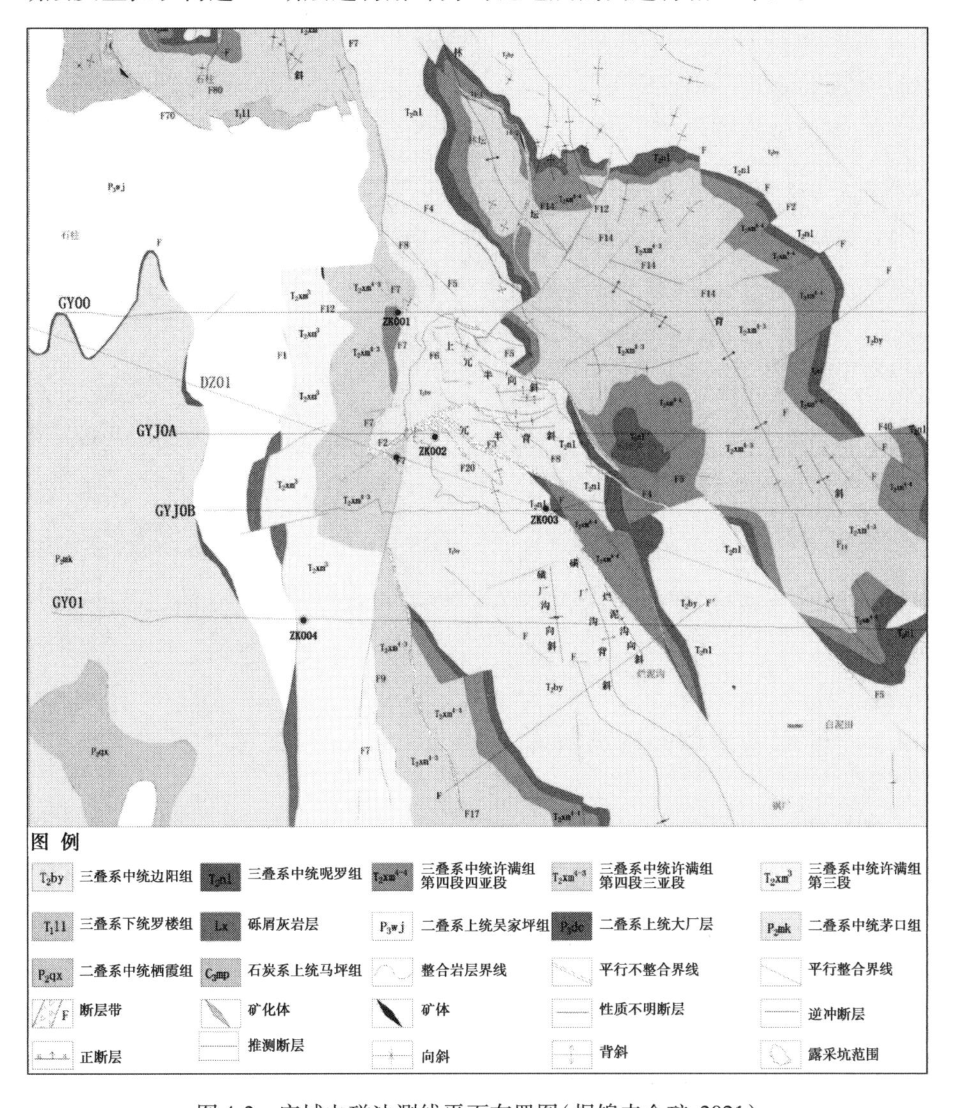

图 4-2　广域电磁法测线平面布置图(据锦丰金矿,2021)

F0 深大断裂破碎带:位于矿区采坑西侧,在东西向广域测线剖面上均有异常显示。该断裂带电性反应特征明显,视电阻率明显低于围岩,宽度 20 ~ 50 m,总体走向北东向,倾角近直立,倾向上延伸长度大于 1 km,走向上延伸大于 7.4 km。往矿区南部延伸,反应减弱,往矿区北部延伸,断层在广域剖面电性异常变弱,埋深逐渐增大,推断其往矿区北边延伸,厚度变小,动力变小,与区域动力学背景相吻合。该断裂带在地震剖面上对应位置为 F1 边界断层,说明此处可能确实存在一条深大断裂,有待进一步验证。

F3 断裂破碎带:其广域测线 GY01、GY02、GY03 及其他剖面上有异常显示,北西起于冗半,向南东跨越露天采场,经烂泥沟村、锅厂延伸出矿权范围。长度大于 4 000 m,断层走向 290° ~ 335°,总体倾向北东,倾角 40° ~ 85°,与矿区已知 F3 断裂构造吻合,与地震剖面探测到的 F3 断层吻合,说明广域电磁法在烂泥沟金矿区具有适用性及可靠性。

由于物探解译结果通常具有多解性,因此,需要对其结果进行钻探验证。选择矿区西部边界断层 F1 进行钻孔验证,验证剖面选择广域电磁法 GY00 线(图 4-3)、GYJ0A 线(图 4-4)、GYJ0B 线(图 4-5)和 GY01 线(图 4-6)。根据广域电磁法解译结果,在低阻区设计钻孔进行验证,钻孔深度均超过 1 000 m,结果显示,在低阻异常区发现有破碎角砾岩(图 4-7),推测该处为一断层破碎带,即边界断层 F1。

4.1.2 矿区地震剖面构造解译

利用地震勘探资料对金属矿床开展成矿研究和矿产勘查,在国际上都是处在前沿的,虽然与传统方法相比勘探成本较为昂贵,但研究效果、勘探效果和经济效益十分显著(Drummond et al. ,2006;Willman et al. ,2010;胡煜昭等,2011a;Gibson et al. ,2016)。本书利用贵州锦丰矿业有限公司(烂泥沟金矿)矿区与昆明理工大学合作的科研项目的地震剖面资料,对矿区断层,尤其是深部隐伏断层进行解译,并与广域电磁法解译结果进行对比分析,以期探获深部隐伏构造信息,从而建立烂泥沟金矿构造格架体系。LNG01 线地震剖面解译图如图 4-8 所示。

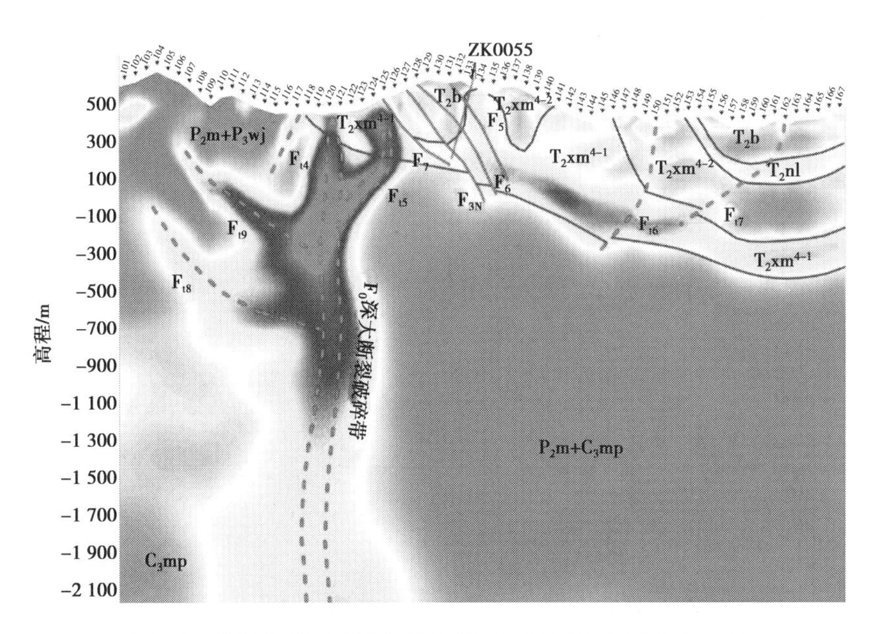

图 4-3　烂泥沟矿区广域电磁法 GY00 线反演解译综合剖面图

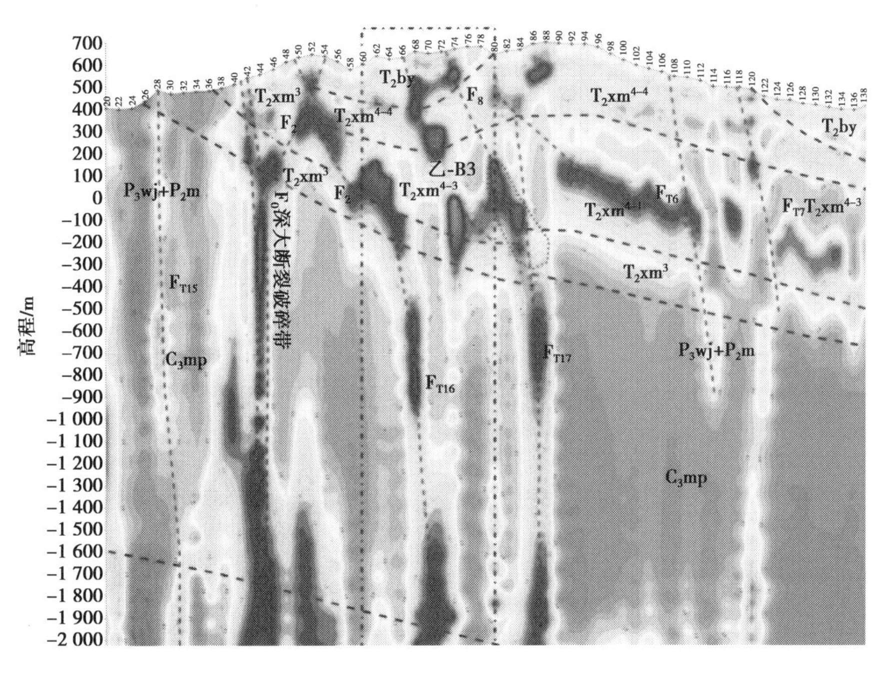

图 4-4　烂泥沟矿区广域电磁法 GYJ0A 线反演解译综合剖面图

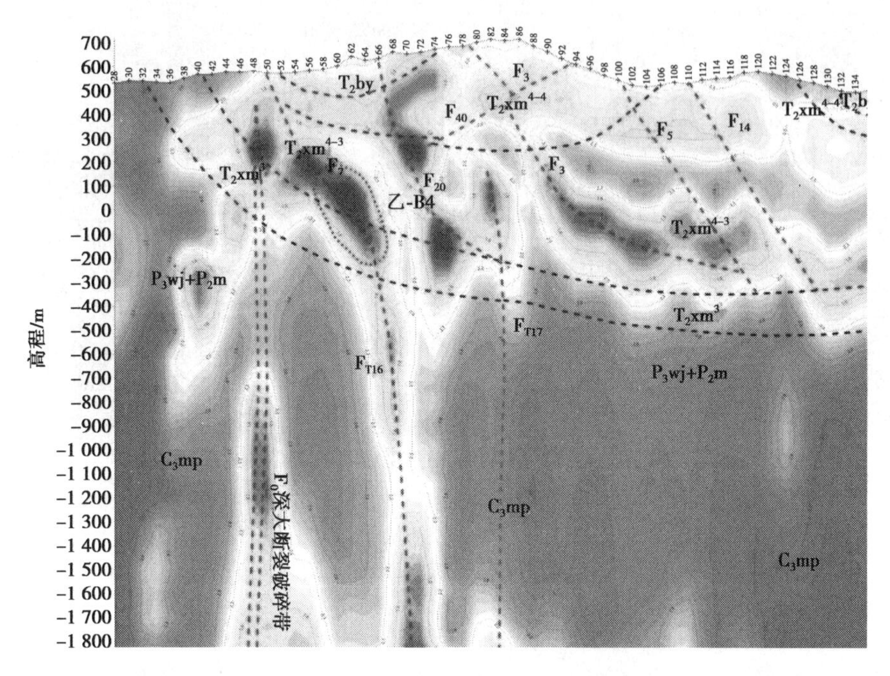

图 4-5　烂泥沟矿区广域电磁法 GYJ0B 线反演解译综合剖面图

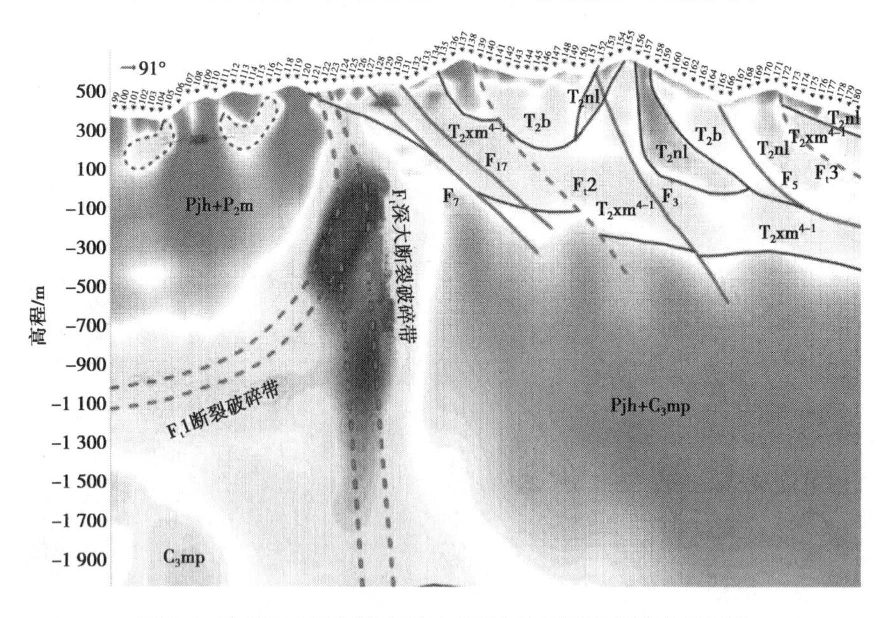

图 4-6　烂泥沟矿区广域电磁法 GY01 线反演解译综合剖面图

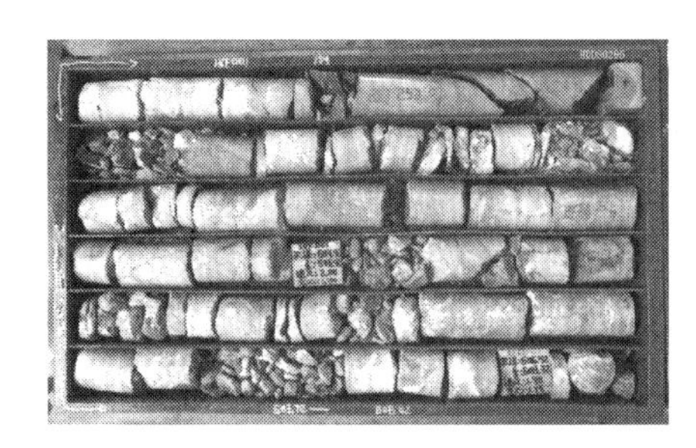
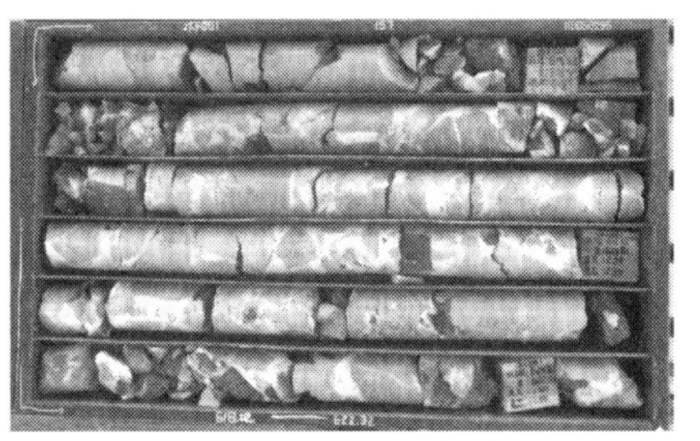

图 4-7　GY01 线验证孔 530 ~ 645 m 段角砾状灰岩

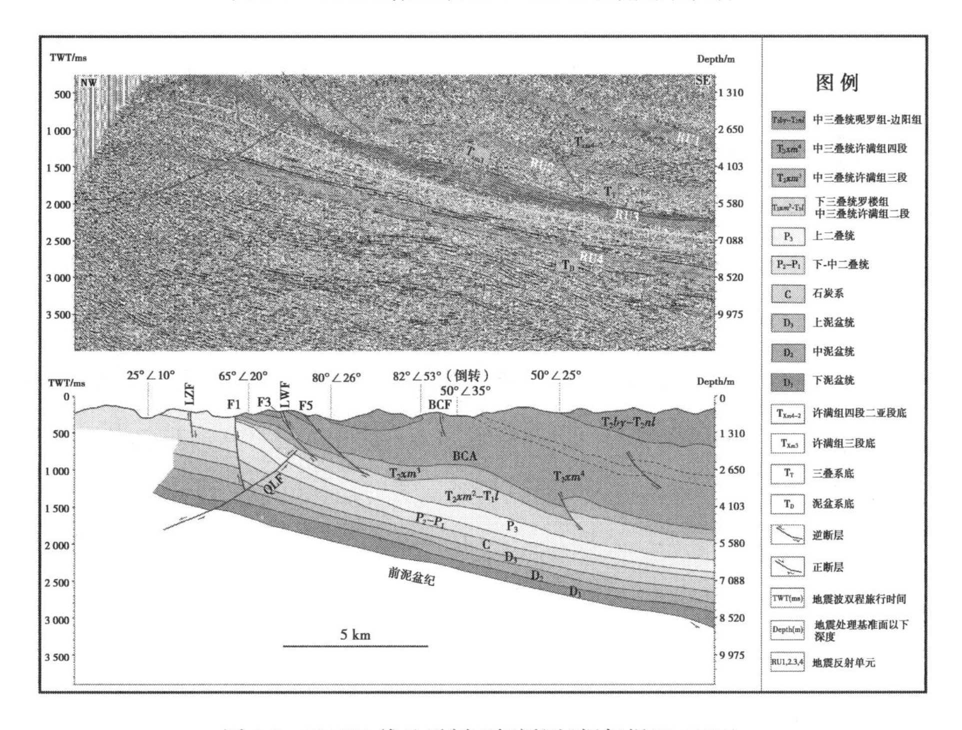

图 4-8　LNG01 线地震剖面解译图(据胡煜昭,2021)

LZF—赖子山断层;QLF—巧洛断层;LWF—烂泥沟-尾怀断层;BCF—板昌断层

本书选取矿区较近的地震剖面对矿区构造体系进行解释(图 4-1),相关构造解释按照距烂泥沟金矿的距离,由近及远、从深到浅分别阐述如下。

(1)巧洛断层

巧洛断层是一条被地震剖面发现的隐伏断层,在矿区位于 F3 断层的下盘,向南经过巧洛村向南延伸至研究区外。巧洛断层在北段为北北西,倾向南西西，在南段走向为北北东，倾向北西西，倾角大于 30°。根据地震剖面上断层切割反射层的情况计算，该断层在研究区内地震剖面上断层视断距为 260 ~ 420 m。

巧洛断层向下切穿上古生界地层达到盆地基底，向上未穿过地震反射较强的中三叠统许满组第三段（T_2xm^3），终止于中三叠统许满组第二段（$T_1l+T_2xm^2$）上部（Hu et al.，2022）。值得注意的是，巧洛断层在研究区北部和南部断层性质存在较大差异，在北部巧洛断层表现为明显的正断层性质，但在南部巧洛断层表现为逆断层性质，说明断层可能历经了构造性质的反转，而且反转强度在走向上是有差异的，南部反转强度大于北部。

（2）边界断层 F1

边界断层在矿区内也叫 F1 断层，是 D-T 孤立碳酸盐台地和斜坡相-盆地相的分界线。边界断层位于巧洛断层上盘，在北段走向近南北向，倾向近东，倾角为 80° ~ 85°；而在南段（洛凡以南，以前称为洛凡断层）走向转变为北东向，倾向南东，倾角为 60° ~ 70°。在研究区内确定的出露长度达到 15 km，再向南延长不清，但据贵州地矿局资料（1989），沿断层延深方向，航片揭示，线性构造比较发育，还有向南延深的可能。其具有正断层性质，断层错断并位移了具有强反射的 P3 地层。

（3）F3 控矿断层

F3 控矿断层是烂泥沟金矿床中最重要的容矿断层，长度为 1.2 km，倾向西北—东南，倾角为 55° ~ 85°（Peters et al.，2007；Chen et al.，2011）。以往该断层向南及深部延长情况不清，本次通过地震剖面的解译，认为该断层向南延至尾怀。

从地震剖面解译来看，F3 断层全长 10.2 km。断层在北段走向为北西—南东，倾向北东，在南段走向转变为北东—南西，倾向南东，倾角为 50° ~ 60°。在北段，断层向下可延深约 1 000 m 至许满组第三段底部，在南段延深较大，可达到 5 000 ~ 6 000 km 至泥盆系以下，断距由北段的 150 ~ 263 m 过渡到南段的 790 ~ 1 318 m(Hu et al.,2022)。从烂泥沟金矿露天采坑南部边坡上明显可见标志层中三叠统呢罗组瘤状灰岩被逆冲和错断的现象，断距约为 150 m。在断层上盘和下盘(特别是上盘)，挤压特征十分明显，断层带较为破碎，岩石破裂化较为发育，泥岩中局部可见片理变形带，破碎带宽度可达 200 m。斜歪褶皱、平卧褶皱和尖棱褶皱等十分发育(图 4-9)，复合构造特征明显，可能为两次构造作用形成的叠加褶皱，经赤平投影反映出 NE—SW 挤压方向(陈懋弘等，2007a)。

图 4-9　F3 控矿断层在露天采坑南部变形特征

(4) F5 断层

F5 断层在地震剖面上有清晰的显示，该断层长度至少有 7 km，走向北西，倾向北东，倾角 50°。F5 断层错断并位移了许满组三段地层，向下延深并消失在罗楼组-许满组二段地层中，未穿过上二叠统地层。在地表 F5 断层上盘，分布一个牵引褶皱——林坛背斜，该背斜为不对称背斜，在东翼产状约 26°，而在西翼靠近罗顿断层处几乎直立，达 86°。结合地震剖面解译，说明该断层，是受到北东方向的挤压力所致。

(5)板昌断层

板昌断层向北可达扬子陆块,向南可进入华夏陆块的广西壮族自治区,在贵州省延长程度大于 120 km,断层走向北西—南东,倾向北东,倾角为 50°~60°。前人认为,在该研究区的许满组三段已被推覆至地表,推测断距可达 500 m(陈懋弘,2011),故而被认为是重要的逆冲断层,是烂泥沟金矿区的重要控矿断层。然而根据地震剖面解译显示,板昌断层延深并不大,仅仅错断边阳组-许满组第四段第二亚段向下消失于许满组第四段第一亚段地层,未错断反射较好的许满组三段地层。

(6)其他断层

其他断层包括 F7 断层、F12 断层、F14 断层、F2 断层、F6 断层等,未能在地震剖面上解译,因为断距较小未能被地震剖面所识别或烂泥沟金矿区构造变形复杂。

F7 断层:横穿烂泥沟金矿区的南北,在矿区深部位于 F3 断层下盘,倾角较缓。该断层以前被认为早期为正断层,晚期为逆断层,但主要性质为正断层(陈懋弘,2011),是为区域性大断裂。但地震剖面解译结果显示,该断层在地震剖面上未有显示,且南沿至 F2 断层后没有向南延续。从 F7 断层性质来看,可能是 F3 断层北向分支断层被 F2 断层错断,而并非是区域性大断裂。

F14 断层:位于林坛背斜核部,也横穿烂泥沟金矿区的南北,是林坛矿段主要控矿断层。

F12 断层:与 F2 和 F40 断层类似,横切了烂泥沟金矿北西—南东向构造,如 F3 断层和林坛背斜等。

结合广域电磁法测得低阻异常区解译结果和矿区已知地质构造特征及钻孔验证结果,对比分析知,广域电磁法在矿区内具有较好的适用性,即深部隐伏构造得到了很好印证,并对原来一些构造的解译进行了更正,例如,原来认为 F7 和板昌断层为区域大断层,经过物探解译发现并不是。

综上所述,基于地震剖面及广域电磁法剖面解译结果,结合矿区构造填图等信息,本书提出了将矿区构造划分为“三级构造”格架体系,即:一级构造(巧洛断层),为成矿流体源头通道;二级构造(边界断层 F1 和 F2),为导矿通道;三级构造(控矿断层 F3、F2 和 F6),主要为容矿构造。该构造体系的划分对矿区深部及外围找矿具有重要意义。

4.2 三维构造建模

本书数据来源于贵州锦丰矿业有限公司(烂泥沟金矿)地质数据库,主要为资源钻孔化验数据,勘探线网格为 100 m×40 m,共收集钻孔数据 215 个,并对其进行编录,建立钻孔数据库,通过 Surpac 三维软件建立矿区主要控矿构造模型,主要为 F3、F2 及 F6 断层(图 4-10)。本次建模仅考虑矿区范围内有钻孔控制的区域。

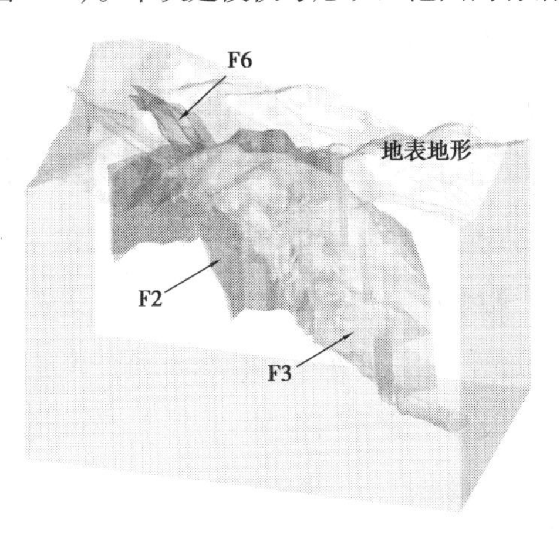

图 4-10 烂泥沟矿区主要控矿构造三维模型

F3 断层:为矿床主要控矿断裂,其储量占整个矿床储量的 81%,长约 1 100 m,带宽一般为 5 ~ 15 m,最宽处可达 30 m,走向 295°,总体倾向北东,倾角为 65° ~ 85°,靠近 F2 附近局部反倾,深部逐渐变缓,约 22°。F3 断层在 F2 南东方向 550 m 范围内,无论是在地表还是在深部,破碎带特征均十分明显。断层与围岩界线清晰,破碎带内张性角砾岩、压碎裂岩、碎斑岩等各种性质构造岩并存,局部见糜棱岩化。宏观上,能干性强的砂岩以大小不等的夹石、透镜体、扁豆体出现;能干性弱的黏土岩类则形成构造“片岩”和断层泥,流变现象明显,充填于砂岩透镜体、扁豆体之间,并将透镜体、扁豆体包裹。构造透镜体磨圆度中等,表面光滑,内部节理裂隙发育,该范围内形成主矿体,矿体厚大且品位高,这是由于在断层破碎带中形成大量裂隙,成矿流体得以流入并达到沉淀条件而卸载成矿。矿化和蚀变严格限于断层带内,在整条断裂带中普遍具有较强烈的硅化、黄铁矿化,局部也有较强烈的毒砂化、雄黄矿化、汞矿化(自然汞矿化、辰砂化)、辉锑矿化等,说明蚀变强度与构造应变强度也存在正相关关系。F2 南东 550 m 以南,F3 在地表特征不明显,破碎带仅长/宽十几厘米至 1 m,主要表现为陡立劈理化碎裂带、褪色带。断层上下盘蚀变很弱,岩层完整,局部可见两侧牵引褶皱发育,该段矿化弱,仅部分地段形成薄矿体,这是因为成矿流体在流经该区域时,构造裂隙较小,难以进入,导致成矿效果不好。根据地震剖面解译,F3 断层在深部向南延伸较大,且深度较深,目前未发现矿化,可以推断 F3 断层深部向南不是成矿流体通道。

F2 断层:为矿区控矿断层之一,位于磺厂沟,横向贯穿磺厂沟北西—南东向构造带。其总体走向北东向,走向较短,倾向南东,倾角为 45°~85°,地表反倾向北西。破碎带走向和倾向上宽度变化较大,与 F3 交汇部位膨大,宽达几十米。膨大部位见构造透镜体(呈北东—南西向排列)、碎粒岩、构造片岩。硅化、黄铁矿化、雄(雌)黄化及黏土化等围岩蚀变十分强烈,两端破碎带变窄,构造岩以碎裂岩为主,蚀变矿化明显减弱,在与其他构造交汇部位,破碎带又变宽(达 10 m),蚀变矿化也相应增强。在构造破碎带中心,金及成矿元素含量较高,且在与 F3 断层交汇处膨大形成厚大矿体,从其他断层与 F2 交汇处形成矿体来看,往往矿体厚大且品位较富,加之 F2 断层穿过烂泥沟金矿的中心位置,结合物探信息等可以推断 F2 断层可能为导矿构造。因此,F2 断裂带与北西—南东向构造(断裂带或褶皱轴线)交汇处形成对找矿有特殊意义的柱状地质体,需要特别关注。

F6 断层:南东始于磺厂沟 F2 断层,往北西冗半交于 F7,总体走向为北西—南东,倾向北东,倾角为 50°~75°。破碎带宽 2~20 m,一般宽 6~10 m,其走向变化是:东段走向为 325°~145°,倾向北东;中段长约 180 m,走向近南北;西段走向为 320°~140°。F6 断层在平面上呈反“S”形,剖面上亦如此。总体上,F6 为一强应变带,但存在不均匀性。具体表现为:断裂带中构造透镜体(露头尺度)、角砾岩、构造片岩及碎裂状砂岩共存。围岩蚀变除硅化、黄铁矿化外,局部见毒砂、汞矿化、含铁方解石化,围岩蚀变强弱与构造应变强弱相对应,下盘发育一些层间破碎蚀变带。F6 控制的冗半矿段矿体分散且小、品位低,这与 F6 断层性质有密切关系,断层破碎带较窄且形成的裂隙较小。

通过整理岩石质量指标(RQD)建立三维可视化模型(图 4-11),深红色区域为 RQD 值小于 20%,红色区域 RQD 值为 20%~40%。从图上可以看出,由于显示区域均在矿体矿化带范围内,岩体均较破碎,因此,绝大多数 RQD 值小于 60%。

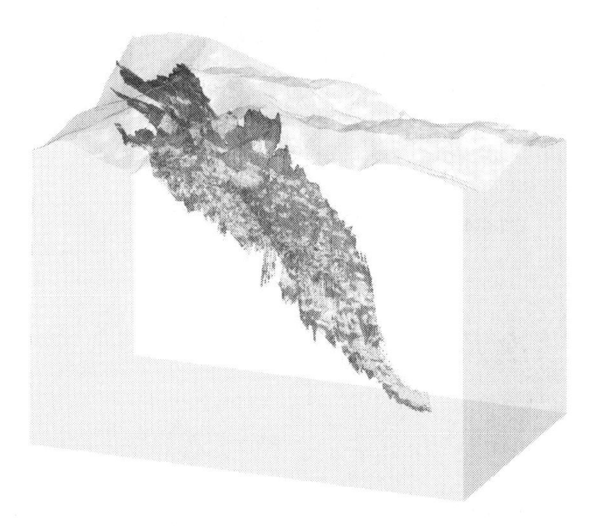

图 4-11　烂泥沟金矿 RQD 三维模型

通过对 109 953 组金品位及 RQD 数据进行统计分析(图 4-12),结果表明,当 RQD 值在 5%~30% 时,金品位最高;当 ROD 值在 18% 时,金品位达到峰值,然后随着 RQD 值的增加品位降低。RQD 值越小,表明围岩越破碎,反之围岩越完整。但从统计结果来看,并不是围岩越破碎,金品位越高,而是在一定的破碎程度下,金品位最高。当 RQD 值低于 5% 时,金品位反而不高,岩体极其破碎,含有大量泥岩或泥质填充物,可能与泥岩渗透性低、成矿流体不易进入有关。而岩体完整性好的区域,成矿流体同样不易进入,尤其是在 RQD 值大于 40% 后,这可能阻碍了成矿流体迁移和渗透,成矿作用较弱。但从图 4-12 中可以看到,当 RQD 值在 80% 时,出现一个高品位区域,这可能与成矿流体沉淀富集后的硅化胶结作用有关,硅化将破碎岩体重新胶结形成完整岩体,这与矿物学研究结果吻合,即存在矿期晚期的强硅化作用。

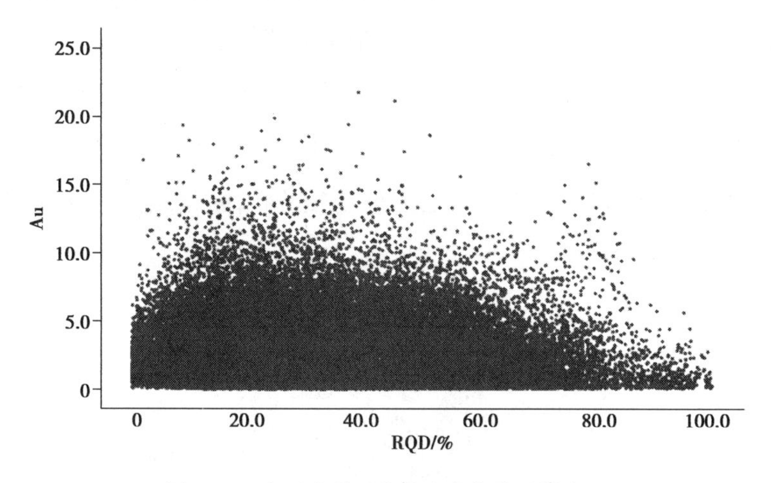

图 4-12　岩石破裂程度与金富集关系散点图

4.3　构造期次及演化

4.3.1　古构造应力分布

脆性材料对曾经受过的力具有记忆,这是因为当这些材料受力时,其中的细微裂纹随应力的增大而逐渐扩展。在稳定破裂阶段,裂纹的扩展与应力水平具有对应性,即应力增大裂纹扩展,而应力水平保持裂纹就不再扩展。然而这一过程是不可逆的,也就是说材料中的应力卸除后裂纹并不能愈合。当其重新受力时,在受力性状相同的条件下,应力水平未达到先期受力水平之前裂纹并不扩展,或者几乎不扩展,一旦达到或接近先期受力水平裂纹便开始发展,裂纹的扩展引起岩石产生声发射(AE),发出微弱的声音。这一现象最先是由德国学者 J. Kaiser 于 20 世纪 50 年代在金属材料单轴拉伸试验中发现的,故称为 Kaiser 效应。通过 Kaiser 效应的声发射方法测量被测试岩石所经历的最大应力,可以获知所在地层所经历的主要构造运动期次。

本书选取 6 件岩石样品进行测试,试样(图 4-13)均取自三叠系砂岩,声发射试验在四川大学水利水电学院完成。测试前将试件两端切平、精磨并风干后置于岩石声发射 Kaiser 效应测试系统(图 4-14)中,在试件两端与试验机压头间衬垫聚四氟乙烯垫片,以便更有效地隔离噪声和减小端面摩擦。所采用的测试设备主要为 MTS815 Flex Test GT 程控伺服岩石力学试验系统(图 4-15)和美国物理声学公司生产的 PAC PCI-2 12 通道声发射测试仪(图 4-16),前者加载平稳,测控精度高,后者具有自动隔离试件端部噪声和外部噪声的特殊功能,两者均为目前国际上先进的技术产品。所有测试过程与数据均由计算机控制和采集,避免了人工读数的误读和误差。在平稳加载的同时,同步测定声发射特征参数,由此可获得每个试件的 Kaiser 效应点对应的荷载峰值,测试结果见表 4-2。

图 4-13　岩石声发射 Kaiser 效应测试样品

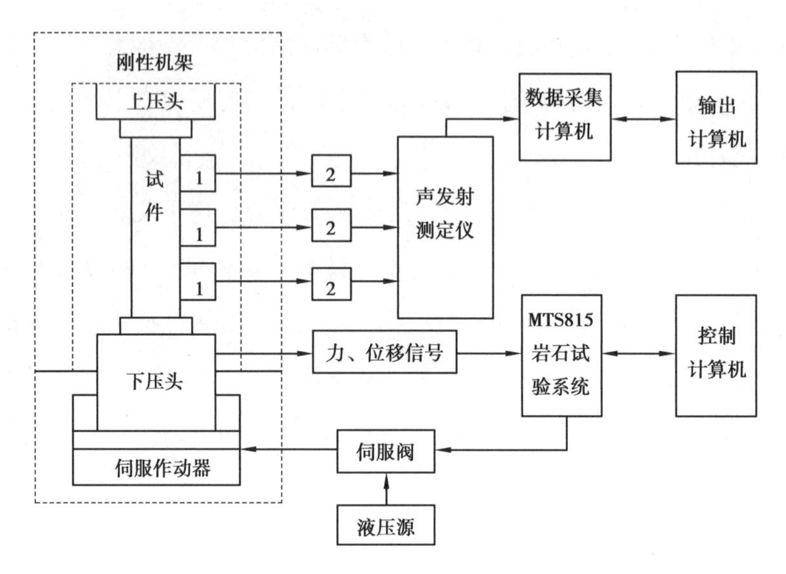

图 4-14　岩石声发射 Kaiser 效应测试系统框图

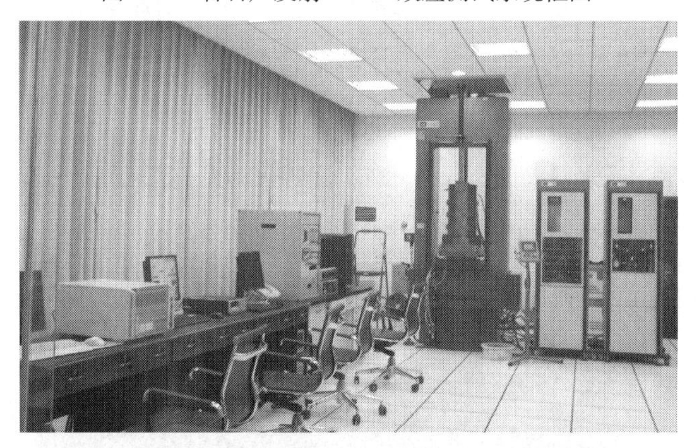

图 4-15　MTS815 Flex Test GT 程控伺服岩石力学试验系统

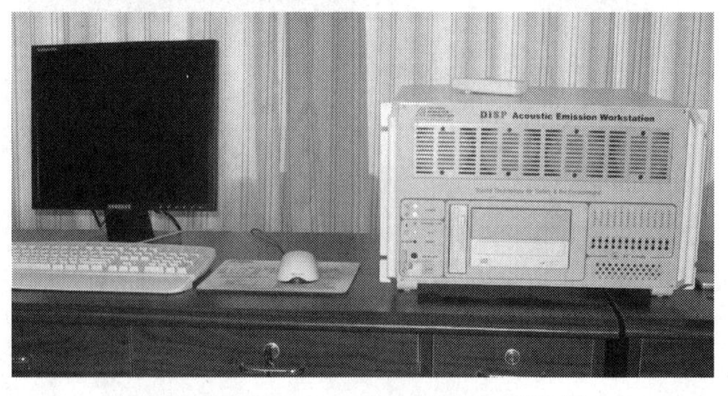

图 4-16　PAC PCI-2 12 通道声发射测试仪

表 4-2　古构造应力场应力分量记忆值测试结果表

试件编号	各期(幕)应力分量 σ_k/MPa				单轴抗压强度 σ_c/MPa
	1	2	3	4	
JF-1	9.18	80.61	120.41	138.78	156.73
JF-2	8.16	31.02	118.98	140.41	146.12
JF-3	13.88	52.65	72.45	139.59	148.57
JF-4	16.33	36.73	57.14	66.94	91.43
JF-5	12.65	70.41	94.29	118.37	137.14
JF-6	12.24	30.61	47.35	64.29	99.59

测试结果表明,测试区地层总共经历了四期主要构造运动,其中 1 期平均受应力作用很小,可能为拉伸环境下所受的应力,2 ~4 期所受应力作用大,可能为挤压应力作用的结果。该结果与矿区地质特征及前人研究结果(胡瑞忠 et al.,1995;苏文超等,1998;陈懋弘,2007;杜远生等,2013)吻合。

4.3.2　矿区原岩应力分布

国内外原岩应力测量方法有很多,目前技术较为成熟和应用较广的主要有套孔应力解除法、水压致裂法和声发射法等。其中,套孔应力解除法是一种发展时间较长、技术较为成熟的原岩应力测量方法,是目前唯一的通过一孔测量就能较为准确地测定一点的三维原岩应力状态的方法,测量结果准确、操作简单便捷、可靠性高。

本书选择套孔应力解除法在 150 m 水平进行原岩应力测量(图 4-17),通过测量解析计算,得出该处最大主应力值、中间主应力值、最小主应力值及相应的方向和倾角(表 4-3)。

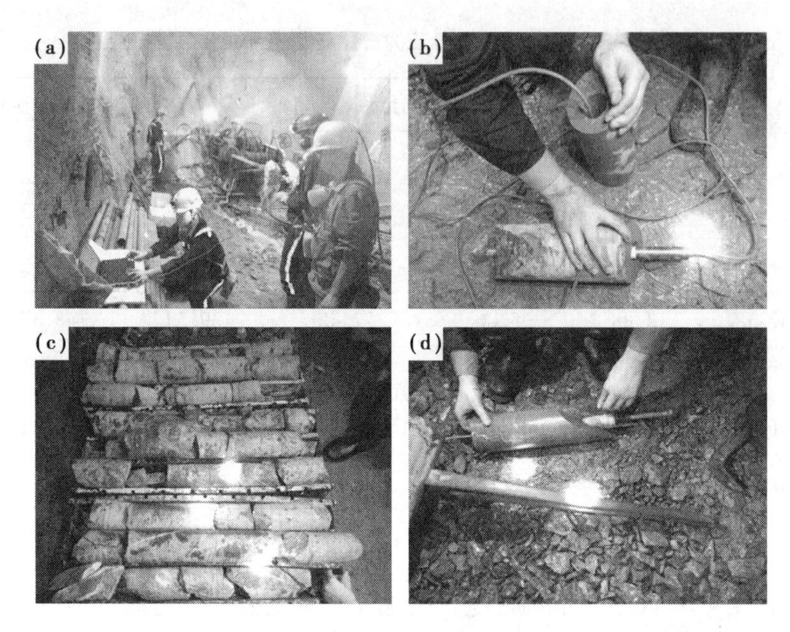

图 4-17　套孔应力解除法测试原岩应力现场

(a)为原岩应力测试现场,进行套孔应力解除;(b)和(d)为取出的岩芯,应力计包裹在岩芯内,说明取芯有效;(c)为钻孔岩芯,用于判断是否为最佳测试位置

表 4-3　原岩应力测试主应力计算结果

测点编号	最大主应力 σ_1			中间主应力 σ_2			最小主应力 σ_3		
	数值/MPa	方向/(°)	倾角/(°)	数值/MPa	方向/(°)	倾角/(°)	数值/MPa	方向/(°)	倾角/(°)
150E-2	21.1	187	9	16.5	274	10	13.8	52	77

从表中数据可以看出,150E-2 测点的最大主应力为 21.1 MPa,方向为 187°,倾角 9°,近于水平;中间主应力为 16.5 MPa,方向为 274°,倾角 10°,近于水平;最小主应力为 13.8 MPa,方向为 52°,倾角 77°,近于垂直。

测试结果表明,最大主应力方向为 187°,结合古构造应力测试结果,该应力方向为地层所经历的构造应力场中现存的最大一次构造运动方向,该结果与陈懋弘等人(2007a)通过构造解译所得结果中第三期构造应力方向基本一致,说明该方法用于推演矿区构造演化具有可靠性。

4.3.3 构造演化

烂泥沟金矿床的形成与构造密切相关，厘清矿区构造演化对该区成矿规律、成矿模式的理解具有重要意义。陈懋弘等人(2007)认为该区构造演化经历了盆地裂陷、造山挤压、后碰撞造山侧向挤压及燕山期岩石圈伸展四个阶段；苏文超等人(2018)认为右江盆地从早泥盆世裂谷作用形成，经历了晚石炭世被动大陆边缘、二叠纪大陆边缘及印支和燕山构造运动阶段。结合前人的研究成果，将烂泥沟金矿区构造演化分为五个主要阶段。

①D1 盆地裂陷阶段(D2—T2)：烂泥沟金矿位于赖子山背斜碳酸盐岩台地东北角鼻状凸起处，属盆地相断控型金矿，区域上该区经历了自泥盆纪开始的盆地裂谷作用(杜远生等，2013；Su et al.，2018)。地震剖面解译结果显示(Hu et al.，2022)，许满组第三段及其上地层发育逆冲断层，未见正断层，但在许满组第二段及其以下地层，可见一些正断层。这预示着，许满组第二段沉积期-许满组第三段沉积期的交界时代，是构造从伸展阶段转向挤压阶段的节点时间，即在此之前为盆地裂谷阶段，与区域构造发展阶段吻合。该期主要发育同生正断层，在矿区主要为边界断层 F1、巧洛断层。由于古构造应力测试取样为三叠系边阳组岩石，无法测到该期次构造应力作用，所以在古构造应力测试中没有反应。

②D2 同生挤压阶段(T2)：烂泥沟金矿应该在许满组第三段沉积期及其以后的中二叠统时期，处于挤压的状态，矿区该期构造主要应力方向为 NE—SW 向挤压。250 Ma 前，中越之间的印支期造山的挤压应力向北传播至烂泥沟金矿区，该构造应力基本奠定了烂泥沟金矿区挤压构造的基本格局(Hu et al.，2022)，在古构造应力测试结果中可能对应最大一个应力记忆期次(表 4-2)。

③D3 造山挤压阶段(T3/T2)：在 T3/T2 时期，由于 Song Ma 洋盆彻底关闭，右江盆地大部分干枯，形成一个三叠纪海湾(苟汉成，1985)，导致印支板块与华

南板块强烈碰撞,印支运动在烂泥沟金矿区的体现也是挤压的,其构造应力方向为 NE—SW 向挤压,形成一系列 NW—SE 向构造,如 F3、F6 等断层。

④D4 晚期碰撞造山挤压阶段(T3—J1):该期挤压是南北向的挤压。此外,该期还有平移右旋,F3 和 F2 断层均有明显的右旋特征,晚期构造把先期构造错断了,如矿区内北东向 F2 断层错断北西向 F3 断层。该期构造应力主要方向为近南北向挤压,结合构造地球化学研究结论(详见第 6 章及第 8 章),该构造期可能发生了一次热液事件,与陈懋弘等人(2007)测得的同位素年龄一致(193 Ma),为主成矿期前热液事件。

⑤D5 岩石圈伸展阶段(J2—K):可能主要原因是太平洋板块向西俯冲效应导致燕山期(J2—K)岩石圈伸展,形成小规模的近水平逆断层,轻微错断了前期的构造。该期构造在古构造应力中可能对应最小一期,由于是伸展构造,所以产生的应力远小于挤压构造应力(表 4-2)。该伸展阶段对应区域成矿年代为 130 ~ 150 Ma,结合烂泥沟金矿成矿时代 148 Ma(高伟,2018a),推断该期次构造为烂泥沟金矿主成矿期构造。

本书结合区域地质构造背景、矿区古构造应力及原岩应力测试结果,认为烂泥沟金矿区主要经历了五个构造阶段,两个为拉伸,三个为挤压,与所测构造应力期次一致(所取样为三叠纪地层,因此,只能反映其后岩层所经受的主要构造应力作用,即四次主要构造应力作用)。其中早侏罗世晚期碰撞造山挤压阶段(J1)和燕山期岩石圈伸展阶段(J2—K)发生了两次热液作用,一次为 200 ~ 230 Ma,可能导致成矿前黄铁矿(黄铁矿核部)的形成,另一次为 130 ~ 150 Ma,可能为主成矿期热液活动形成赋金黄铁矿环带。

4.4 小结

本章通过对烂泥沟矿区进行广域电磁法及地震剖面解译、古构造应力及原岩应力测试,系统地剖析了矿区构造格架体系及构造演化,取得如下主要认识:

①根据广域电磁法剖面及地震剖面解译并进行钻孔验证发现，深部隐伏构造巧洛断层以及边界断层 F1 和 F2 断层与其连通，物探解译结果与矿区地质构造特征吻合较好，可以作为矿区构造解译的重要依据。结合矿区地质构造特征，提出烂泥沟金矿区“三级构造”格架体系，一级构造（巧洛断层）为成矿流体源头通道，二级构造（边界断层 F1 和 F2）为导矿通道，三级构造（控矿断层 F3、F2 和 F6）主要为容矿构造。

②以矿区内 215 个钻孔数据为基础，建立了矿区内主要控矿构造 F3、F2 及 F6 三维可视化模型并进行了空间分布特征分析，在构造有利位置尤其是断层交汇处富集厚大富矿体，成矿严格受构造空间分布控制。建立了 RQD 三维模型并进行了统计分析，整体呈现出岩体越破碎、矿体越富集的趋势，当 RQD 值在 5% ~30% 时，金品位最高，当 RQD 值在 18% 时，金品位达到峰值，然后随着 RQD 值的增高品位降低，说明成矿流体在破碎岩体中更易富集成矿。

③利用古构造应力及原岩应力测试方法，测得矿区所测地层主要经受了四次构造应力作用，其中一次应力值明显低于其他三次，推测是岩石圈伸展拉伸环境下的构造应力作用。现存最大一个期次构造应力方向为 187°，与构造解译的应力方向基本一致。结合区域地质背景及矿区地质特征，推测矿区内发生了五期主要构造演化，其中早侏罗世晚期碰撞造山挤压阶段（J1）和燕山期岩石圈伸展阶段（J2—K）发生了两次热液作用，一次为 200 ~ 230 Ma，可能导致成矿前黄铁矿（黄铁矿核部）的形成，另一次为 130 ~ 150 Ma，可能为主成矿期热液活动形成赋金黄铁矿环带。

第5章　三维地球化学模型

随着信息技术的发展,现代矿产资源的勘探模式趋向于从经验找矿、理论找矿和信息找矿三大传统找矿方法向集成信息技术发展。因此,未来地球化学的研究方向应以三维可视化技术和数据融合技术转变为主,以三维地学建模系统和三维地理信息系统为主体的地学信息系统,注重三维建模、三维空间分析技术的发展与应用,并且已成为地学与信息科学的交叉技术前沿和攻关热点(吴立新等,2003)。在矿产资源勘查工作中,可以通过对钻孔中元素地球化学数据进行分析,建立地球化学块体、蚀变分带等地球化学模型,有助于精确定位钻孔中的富矿位置。这些应用有助于为深部矿产资源勘探提出发展策略、进行工作部署,从而极大限度地降低深部矿产资源勘查风险,定量描述深部靶区的空间信息。

但受限于矿区数据获取的精度和难度,大多数研究都停留在“二维”,研究某一剖面的成矿流体运移路径等,尤其在贵州烂泥沟金矿,尽管前人做过很多研究,但均停留在“二维”或者“假三维”层面,未能从真三维空间的尺度对成矿流体运移路径及成矿过程进行剖析。因此,本章借助矿区已有的大量原始数据,利用成矿元素地球化学,从三维空间全面剖析成矿流体运移路径及成矿过程,厘清烂泥沟金矿成矿模式,为矿区深部及外围找矿提供理论支撑。

5.1　成矿元素统计分析

本章数据主要来源于贵州锦丰矿业有限公司(烂泥沟金矿)地质数据库,主要为资源钻孔化验数据,勘探线网格为100 m×40 m,取样密度为1 m岩芯取一个筛分样。本章共收集钻孔数据215个,化验数据67 770个,其中矿化样品数据9 364个(Au品位不小于0.35×10^{-6}),钻孔平均深度450 m,最大深度超过1 000 m,分析元素及检测限见表5-1。该数据主要用于建立成矿元素空间三维模型。以上测试均在广州澳实矿物实验室进行,其中Au采用火试法-等离子光谱法,其他元素采用等离子光谱法。

表5-1　烂泥沟金矿成矿元素化验检测限

分析元素	Au	S	As	Hg	Sb
检测限/($mg\cdot g^{-1}$)	0.001	0.001	0.1	0.01	0.025

对收集到的9 364个化验数据进行处理后,采用统计学分析软件SPSS对成矿相关元素(Au、As、Hg、Sb、S)进行描述性统计分析,分析结果见表5-2。本章研究对象为矿化区域,因此,收集数据为矿化化验数据,即金品位$\geq0.35\times10^{-6}$。根据统计结果,金全岩最大品位为91.70×10^{-6},平均品位为3.96×10^{-6},矿体变异系数为137%,金矿体变化较为平稳。矿化带中S平均含量为1.86%,最小为0.01%,最大为13.02%,变异系数为52%,说明S在矿化带中空间分布变化较小,矿体中均含有S,这与载金矿物主要为黄铁矿有关(Chen et al.,2009;Xie et al.,2018b;Zheng et al.,2022)。As含量在矿体中也较高,平均含量为$3\ 986\times10^{-6}$,最小值为4.06×10^{-6},最大值为$293\ 800\times10^{-6}$,变异系数为211%,说明空间分布变化大,矿体空间分布具有一定的规律性。Hg在矿体内含量较高,平均含量为70.61×10^{-6},最小值为0.10×10^{-6},最大值为$37\ 000\times10^{-6}$,变异系数

为 1 056%，说明 Hg 在空间分布变化大，与矿体空间分布关系紧密，从三维模型中可以看出，在深部和矿区西部 Hg 含量逐渐增高，这可能与含矿热液运移方向有关。Sb 在矿体中分布变化也很大，其平均含量为 111×10^{-6}。

表 5-2 烂泥沟金矿成矿元素地球化学统计表

样品类型		Au	S	As	Hg	Sb
数量		9 364	9 364	9 364	9 364	9 364
最小值		0.35	0.01	4.06	0.10	0.25
百分比/%	25	0.80	1.18	1 467	5.30	11.00
	50	1.92	1.72	2 634	11.00	18.00
	75	5.02	2.38	4 454	22.00	30.00
最大值		91.70	13.02	293 800	37 000	67 840
均值		3.96	1.86	3 986	70.61	111.00
标准偏差		5.45	0.96	8 418	745.32	1 461
变异值		29.65	0.93	70 867 073	555 507	2 134 653
峰度		27.64	5.19	503	1 474	1 078
偏度		3.93	1.31	18.64	34.53	30.47
变异系数/%		137	52	211	1 056	1 316

地球化学数据分布特征的研究是地球化学研究的基础，主量元素基本服从正态分布，而微量元素服从对数正态分布。通过 SPSS 软件制作直方图和 Q-Q 图进行元素数据分布特征分析，结果如图 5-1—图 5-5 所示。从图中可以看出，Au、As、Sb、Hg、S 对数均大致呈正态分布，但伴随一定的拖尾值。

统计分析结果表明，成矿相关元素具有正态分布特征。Au 直方图中只有正态分布右半部分，主要原因为矿山化验时检测线较高（0.1 g/t），根据三倍检测线为可靠数据原则，本章将小于 0.35 g/t 的数据进行了剔除。在 Q-Q 图中没有显示异常，主要原因是统计的数据本身为矿化样品，全是异常值。

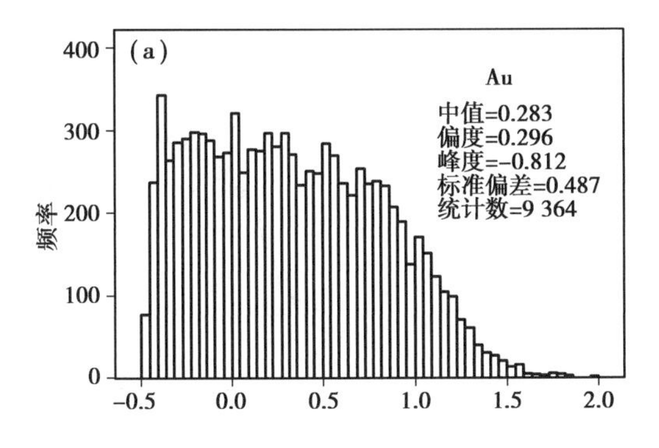

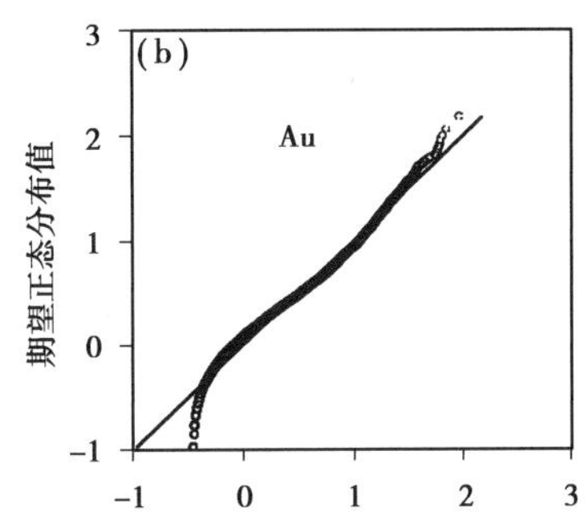

图 5-1　Au 元素含量直方图及 Q-Q 图

(a) Ln(Au);(b)观测值-Ln(Au)

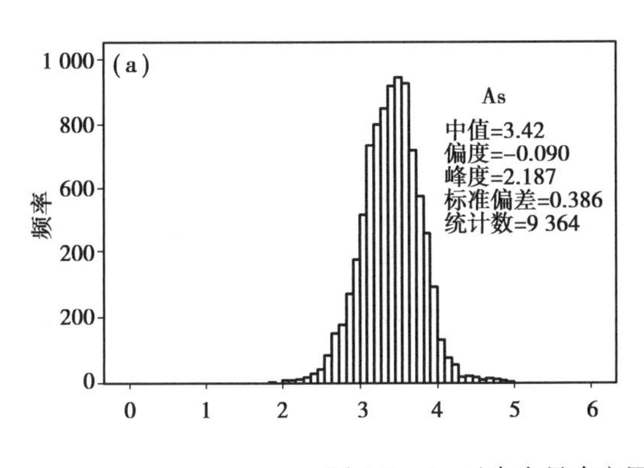

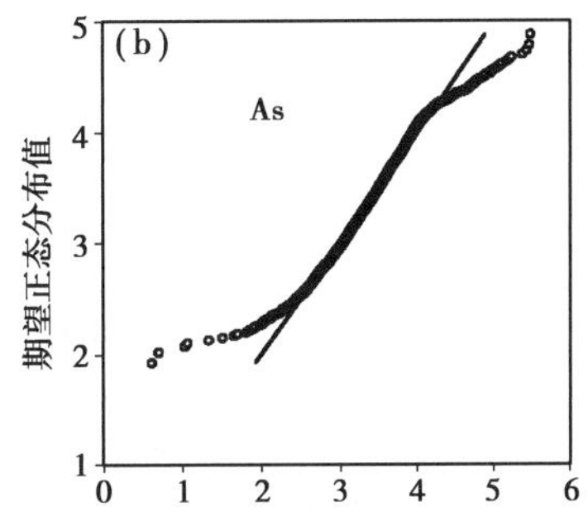

图 5-2　As 元素含量直方图及 Q-Q 图

(a) Ln(As);(b)观测值-Ln(As)

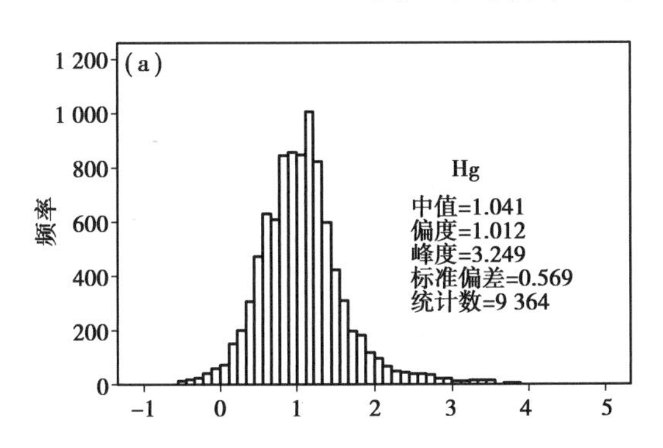

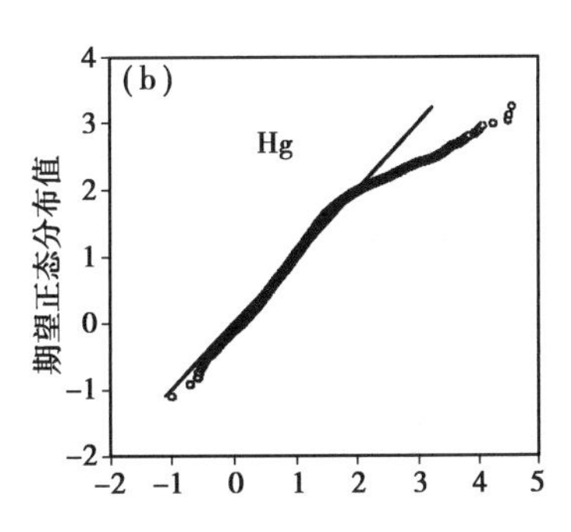

图 5-3　Hg 元素含量直方图及 Q-Q 图

(a) Ln(Hg);(b)观测值-Ln(Hg)

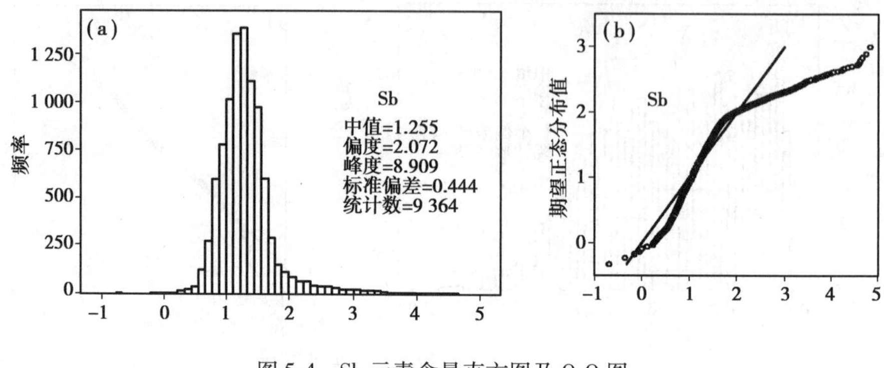

图 5-4　Sb 元素含量直方图及 Q-Q 图

(a)Ln(Sb);(b)观测值-Ln(Sb)

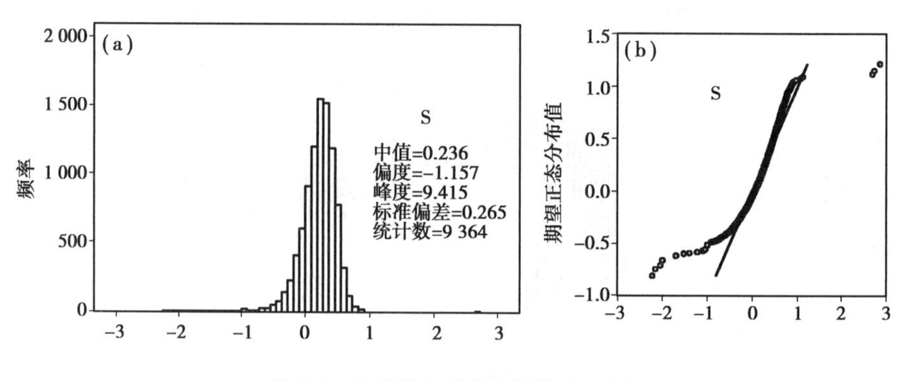

图 5-5　S 元素含量直方图及 Q-Q 图

(a)Ln(S);(b)观测值-Ln(S)

As、Sb、Hg 和 S 直方图统计结果均显示呈正态分布,Q-Q 图显示具有异常,偏离正常值,其中 As、Sb 和 Hg 超常富集,从矿区现场矿石中可以见到大量硫化物,如辰砂、雌黄、雄黄、辉锑矿等。全岩样品 R 型聚类分析谱系图如图 5-6 所示,烂泥沟金矿成矿元素箱图如图 5-7 所示。

从图 5-7 中可以看出,Au、As、Hg、Sb 和 S 的值均高于 1,即在矿化带中显示异常。Au、Hg 和 Sb 值分布范围较为集中,但异常值较大,As 和 S 分布范围较大,但异常值较小。

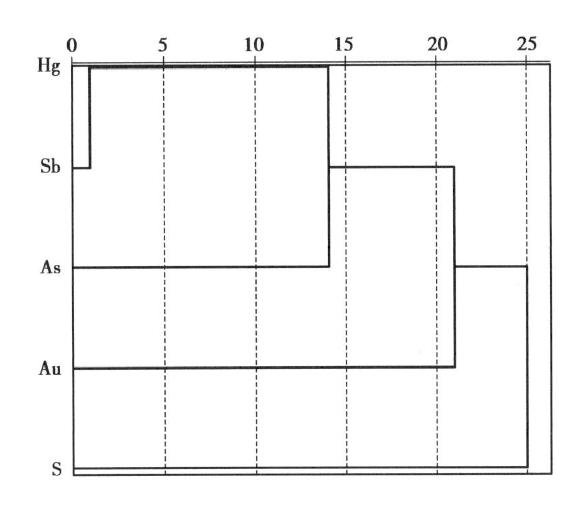

图5-6 全岩样品R型聚类分析谱系图

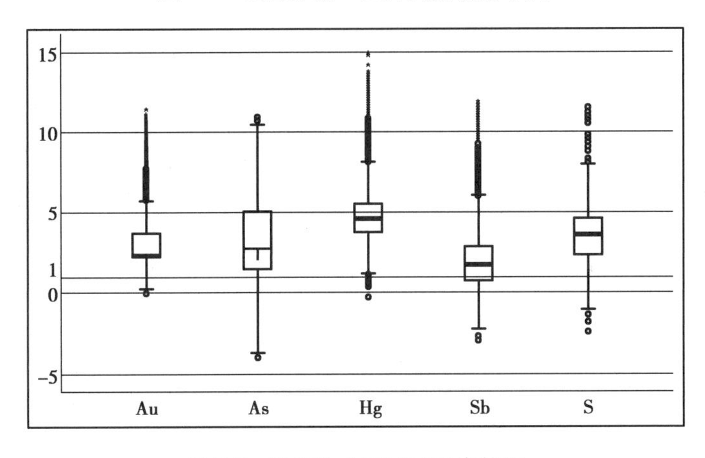

图5-7 烂泥沟金矿成矿元素箱图

对微量元素化验数据进行对数转换后进行相关性分析(表5-3),从分析结果可以看出,Au与As、Hg、Sb相关系数高于0.8,相关性高,说明以上元素与成矿作用有明显关系,对金矿的富集影响较大。同时,Au与Ag、Mo、W相关性也较高(相关系数>0.3),与部分元素成负相关,如Co、Cu、Ni、Sn及Zn,但相关性均很弱。As、Hg、Sb、Ag与W均成强相关,Co、Sn与W,Ni与W、Zn成正相关,相关性较强。

表 5-3　微量元素相关性因子表

微黄元素	Au	As	Hg	Sb	Ag	Bi	Co	Cu	Mo	Ni	Pb	Sn	W	Zn
Au	1.000													
As	**0.841**	1.000												
Hg	**0.839**	**0.853**	1.000											
Sb	**0.800**	**0.861**	**0.847**	1.000										
Ag	0.791	0.702	0.626	0.714	1.000									
Bi	0.039	0.138	0.117	0.170	0.326	1.000								
Co	-0.191	-0.065	-0.102	0.072	0.086	0.621	1.000							
Cu	-0.015	0.012	0.091	0.080	0.182	0.555	0.523	1.000						
Mo	0.373	0.269	0.305	0.209	0.354	-0.247	-0.409	-0.374	1.000					
Ni	-0.154	-0.040	-0.018	0.068	0.053	0.637	0.944	0.632	-0.491	1.000				
Pb	0.245	0.257	0.184	0.202	0.412	0.398	0.351	-0.059	0.292	0.263	1.000			
Sn	-0.075	0.047	-0.018	0.086	0.172	0.725	0.766	0.508	-0.444	0.764	0.450	1.000		
W	0.529	0.657	0.576	0.722	0.592	0.448	0.500	0.360	-0.205	0.505	0.246	0.607	1.000	
Zn	-0.160	-0.115	0.058	0.076	-0.071	0.388	0.668	0.446	-0.199	0.709	0.183	0.262	0.208	1.000

5.2 元素三维空间分布特征

三维地质模型是一个数字化的三维显示的虚拟矿床，它能直观地展示元素在三维空间的分布状态和元素空间分布的实际位置及相互关系，Au-As-Sb-Hg(Tl)作为典型的卡林型金矿元素组合(Cline et al.,2005;夏勇等,2009;Su et al.,2018)，对其空间分布特征、规律及其空间分布相互关系，以及与断层构造空间分布关系的研究具有重要意义。

利用67 770个化验数据和矿山三维软件Surpac，建立Au、As、Hg、Sb、S三维可视化模型，结合断层三维模型及地表地形模型，可以在三维空间上展示成矿元素的空间分布特征及其与断层、地形的关系，从而分析Au与成矿元素三维空间分布特征及规律。

(1) Au元素三维空间分布特征

研究区金矿体沿F3、F2、F6断层出露地表，地表以下至-300 m水平均有分布，矿体沿断裂破碎带分布，严格受断层控制(图5-8)。F3断层控制的矿体走向长约1 100 m，宽12~60 m，垂向延伸超过1 000 m，且深部未封闭，其控制的储量占矿床储量的81%。矿体整体走向呈北西向，倾向北北东向，矿体空间上陡缓变化较为明显，倾角为22°~86°，600 m标高以上较陡，500~600 m标高段较缓，500~350 m又变陡，随后随深度的增加而变缓，在30 m标高以下平均倾角为22°，矿体金品位最高可达91.7 g/t，平均品位为5.69 g/t。平均品位高于F2和F6断层控制的矿体，主要是由于F3断层具有正断层性质，并经历了多次构造应力影响，断层破碎带较大，且裂隙较为发育，其岩性有利于成矿流体流入。F2断层控制的矿体产状形态与断裂带空间分布形态一致，倾向南东，总体倾向150°，倾角为75°~80°，矿体局部也存在直立甚至反倾的现象。矿体走向长度为460 m，沿倾向方向控制最大斜深482 m。矿体形态为似层状、板状，单工程真厚度为0.63～17.67 m,平均厚度为11.00 m。矿体单工程平均品位为1.08～10.96 g/t,平均金品位为3.96 g/t。F6断层控制的矿体走向长310 m,倾向延伸260 m,矿体单工程厚度为0.86～28.78 m,总体上为南东较厚,向北西方向逐渐变薄。矿体的单工程矿体品位为1.19～12.79 g/t,平均品位为4.30 g/t,金品位有向南东方向逐渐升高的趋势,即靠近F2断层位置。在空间分布上,Au在破碎带中心位置品位较高,并向周边扩展,尤其在F3和F2断层交汇处,矿体厚度最大,品位最高,在其他次生构造与主矿体交汇处同样形成局部较富矿体(图5-9),矿体品位在构造破碎带中心位置向周边逐渐降低,说明矿体的沉淀富集与构造破碎带及其破碎程度密切相关。

为进一步研究Au在空间上的分布特征,选择矿区内代表剖面3-1720线进行解剖分析,该剖面贯穿主控矿断层F3和F2,对分析主成矿带元素分布规律具有较好的代表性。从图5-10中可以看出,研究区矿体主要赋存于中三叠统边阳组和许满组地层中,呢罗组有利构造部位也有金赋存。边阳组岩性主要为细砂岩、粉砂岩、杂砂岩及黏土岩,许满组为钙质黏土岩、粉砂岩、页岩夹少量细砂岩和灰岩,呢罗组主要为黏土岩、粉砂质黏土岩及少量粉砂岩、夹瘤状灰岩。从Au空间分布形态来看,矿体穿过矿区内地层,并赋存于各种岩性中,说明Au的富集不受地层影响,但与岩性有关,在钙质碎屑岩中含量较高(谢卓君,2016a)。在F3和F2断层破碎带交汇区域Au含量最高,标高在150～500 m段沿F3断裂带品位较高,并向周边扩散,进入裂隙发育的断层破碎带沉淀富集成矿,显示了成矿流体的运移路径。成矿流体可能沿深部断裂(巧洛断裂,见第4章)进入F2,并沿F2断层上升进入F2和F3、F6等断裂带交汇处,再向有利空间运移并沉淀富集成矿,F2扮演了成矿流体通道的角色。

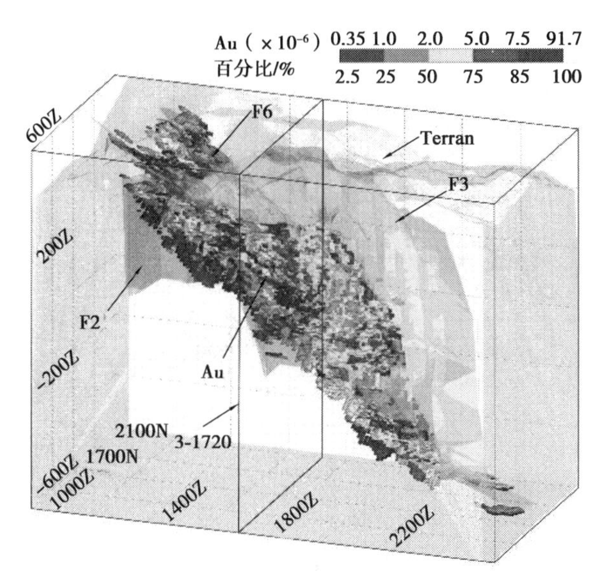

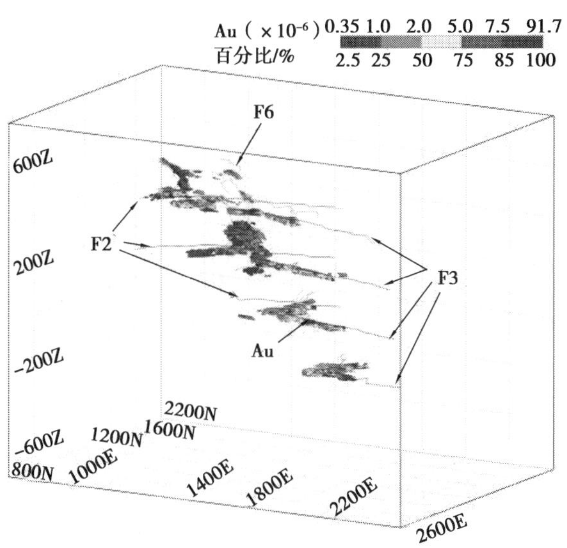

图 5-8　Au 与主成矿构造三维空间关系分布图

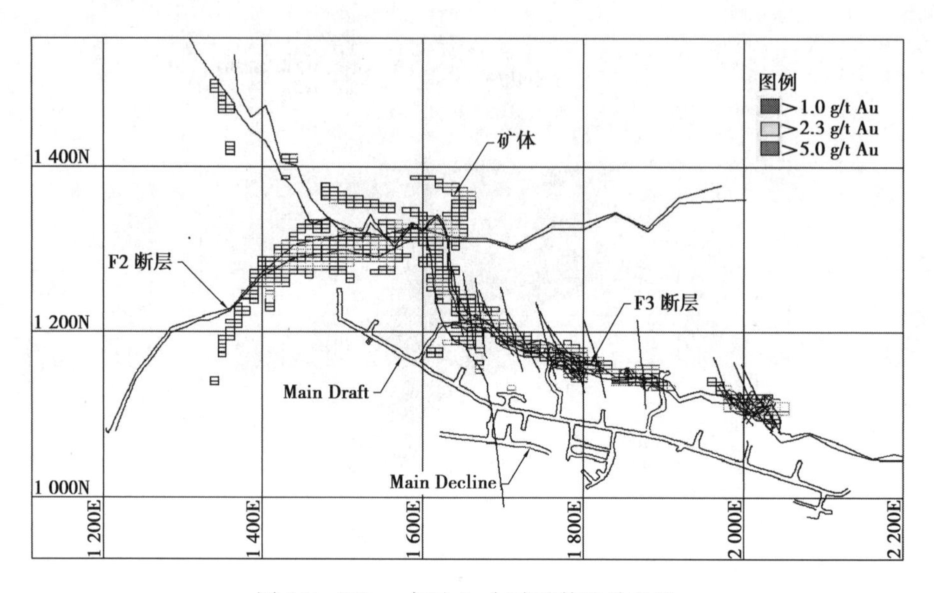

图 5-9　300 m 水平 Au 与成矿构造关系图

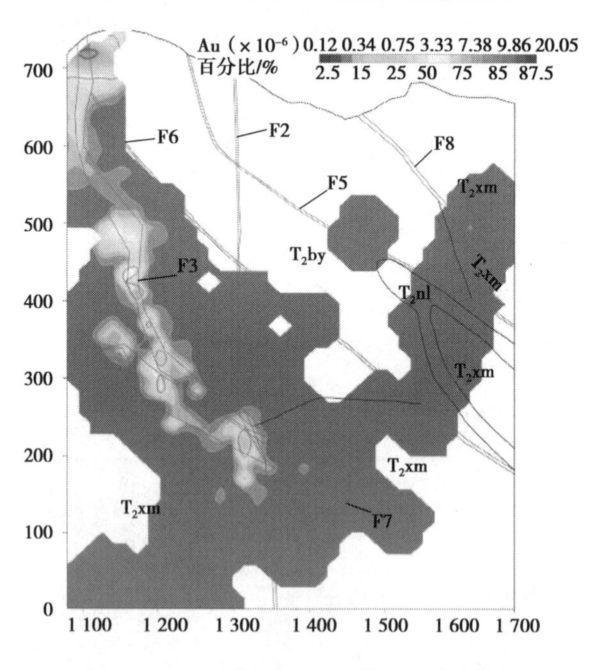

图 5-10　Au 在剖面 3-1720 线上的分布特征

（2）As 元素三维空间分布特征

在三维空间分布上，As 主要集中富集于 F3、F2 及 F6 断层内（图 5-11），在

F3 和 F2 断层交汇处大量富集,且平均含量较高。剖面解译(图 5-12)显示,200～400 m 标高范围内最为集中,为 F2 和 F3 断层交汇的主要区域,呈现出中部高、逐渐向周边降低的趋势,与 Au 的富集趋势大体一致,且与石英包裹体均一温度垂向分布特征类似(见 5.2 节),这可能与成矿热液迁移方向和路径有关。

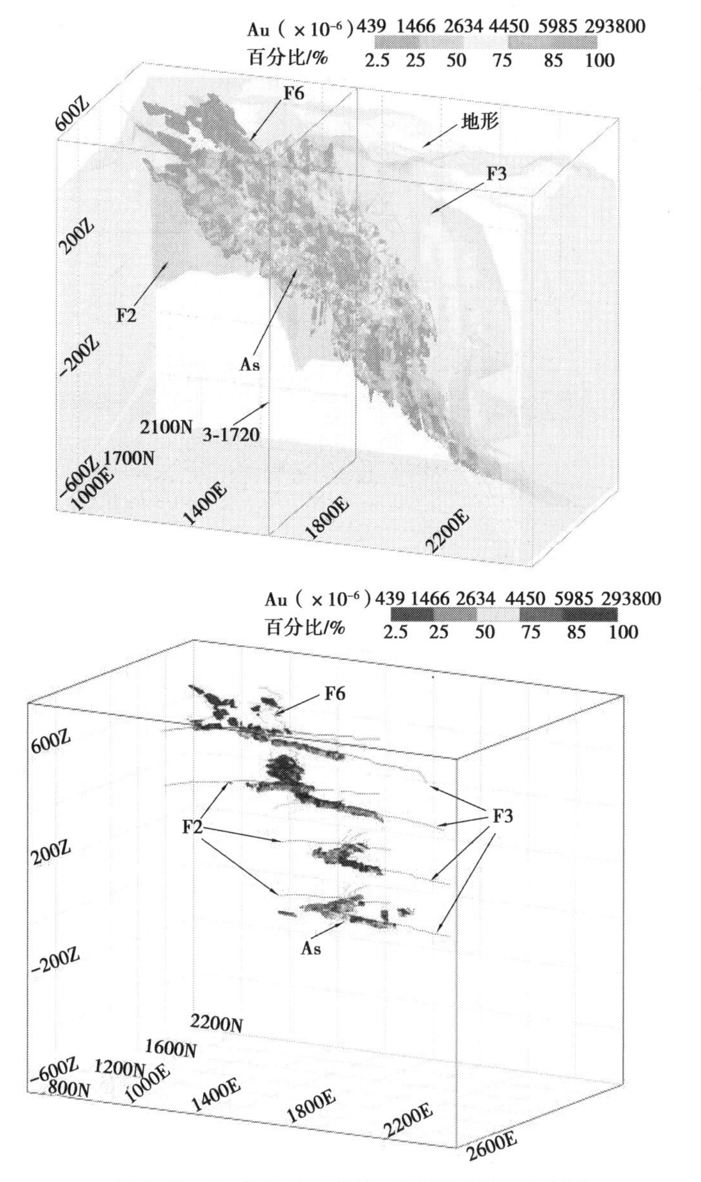

图 5-11　As 与主成矿构造三维空间关系分布图

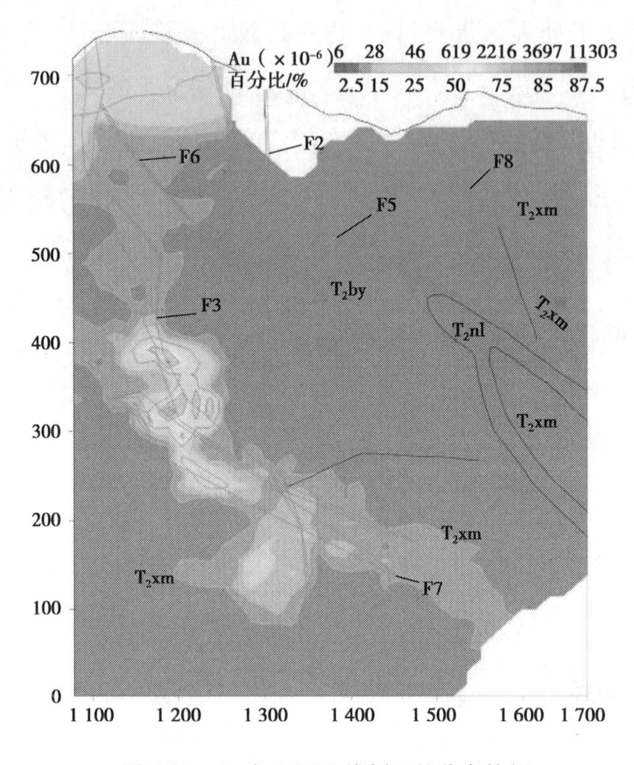

图 5-12　As 在 3-1720 线剖面的分布特征

（3）Hg 元素三维空间分布特征

Hg 主要以单质 Hg 和硫化汞的形式赋存于构造带中，主要沿 F3、F2 和 F6 断裂带分布（图 5-13），并在断层中心区集中富集，尤其在 F3 和 F2 交汇处 200 m 水平以上，在矿体中常见单质汞及大量辰砂。剖面解译（图 5-14）显示，在标高 200～400 m 段含量较高，与 As 空间分布近似，但 Hg 在地表含量较富，主要与 Hg 易蒸发有关。Hg 作为深源指示元素，从其空间分布特征可以看出，Hg 的富集与成矿流体迁移关系密切，可以推断成矿热液可能来源于深部。

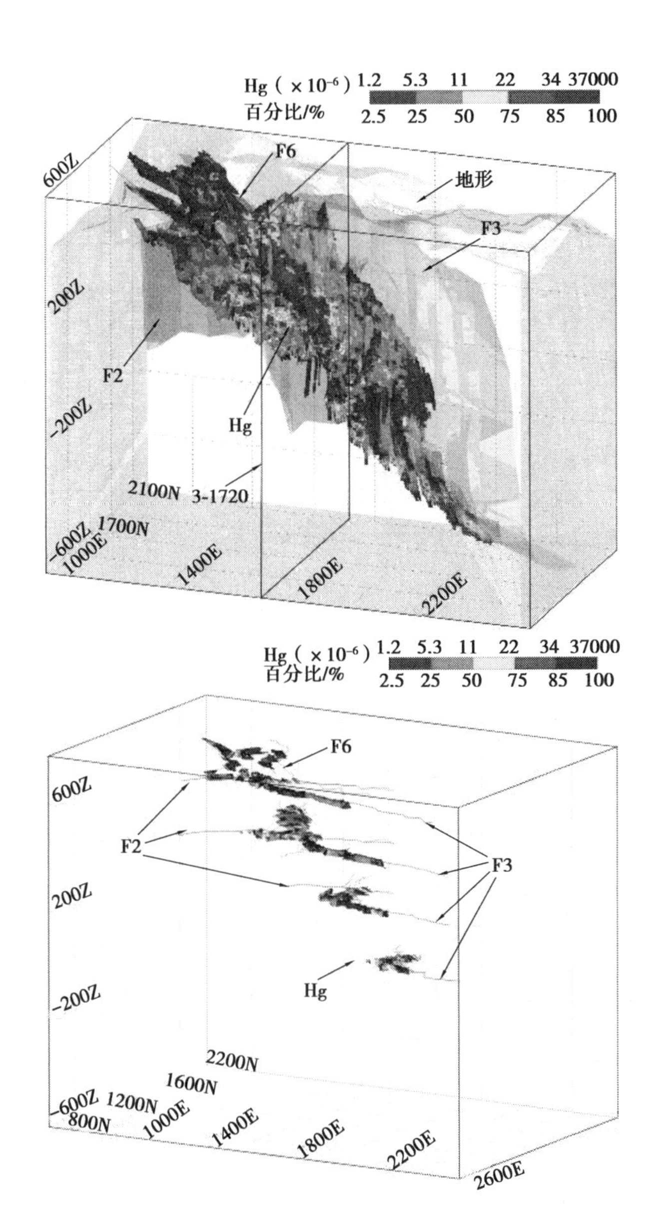

图5-13 Hg与主成矿构造三维空间关系分布图

（4）Sb元素三维空间分布特征

从三维空间模型（图5-15、图5-16）可以看出，Sb在断层带内均有分布，但在200～400 m标高范围内含量最高，分布最广，沿F3和F2断层向周边迁移扩散，与其他成矿元素空间分布规律相似。

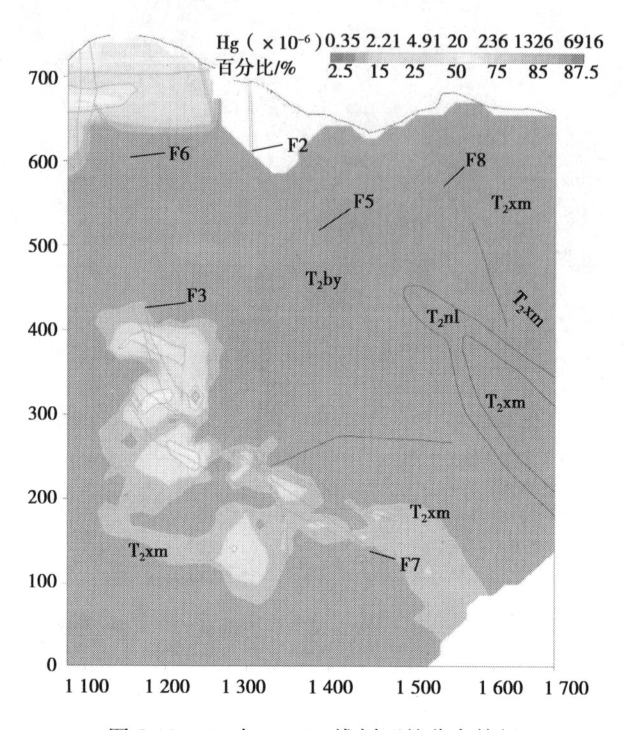

图 5-14　Hg 在 3-1720 线剖面的分布特征

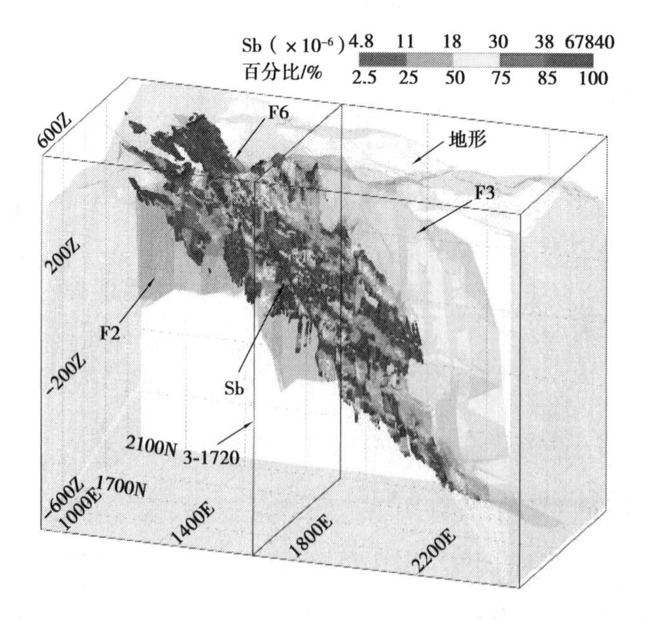

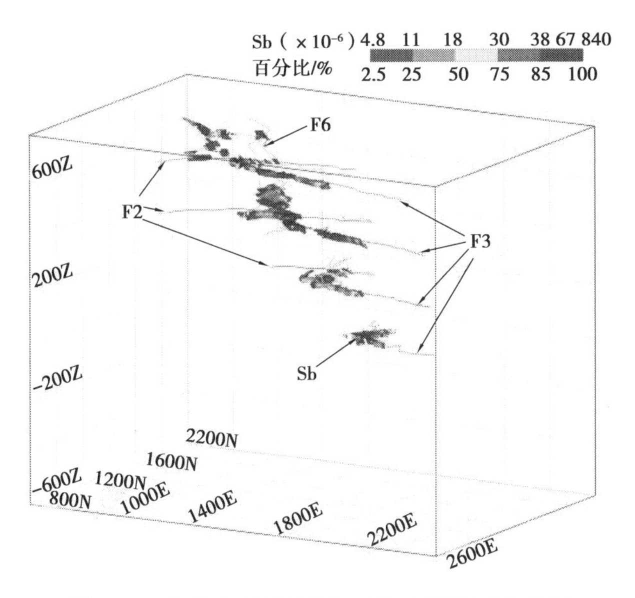

图 5-15　Sb 与主成矿构造的三维空间关系分布图

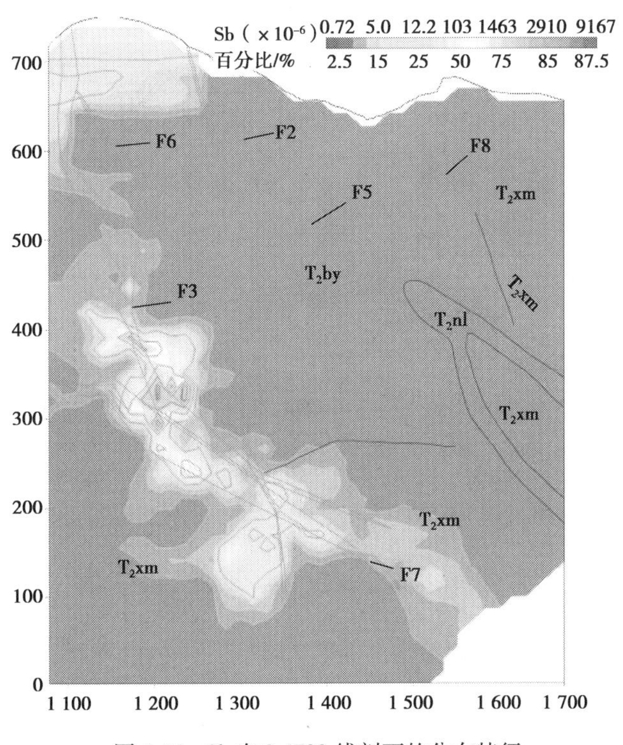

图 5-16　Sb 在 3-1720 线剖面的分布特征

（5）S元素三维空间分布特征

黄铁矿作为锦丰金矿最主要的载金矿物(Chen et al.,2007;颜军,2017;Xie et al.,2018b;Zheng et al.,2022),在矿区分布广泛,属于主要的硫化物。黄铁矿成因复杂,有同沉积黄铁矿和热液黄铁矿(Su et al.,2018;Xie et al.,2018b)。热液黄铁矿可能受多期次热液事件作用,矿物学研究表明,金主要赋存于含砷黄铁矿环带内。S异常区在空间分布上同样受构造控制(图5-17、图5-18),在F3、F2及F6断裂带内,S含量高于其他区域,说明热液活动过程中沿断层破碎带有大量的硫化物被带入,构造破裂带围岩蚀变造成硫化物高于周边围岩。矿化带内平均S含量为1.86%,最高达13.02%。从研究剖面3-1720线来看,S含量在F2和F3断裂带交汇处集中富集,并沿F3断裂带及周边次生断裂运移,从扩散范围可以看出,其成矿压力不大,Zhang等人(2003)测得石英包裹体压力为60 MPa,近地表硫含量较高,与地表发现有硫化矿相吻合。

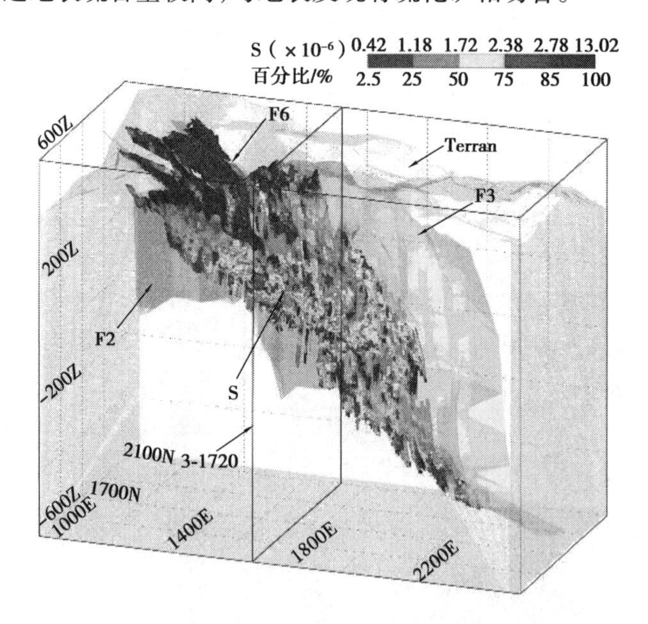

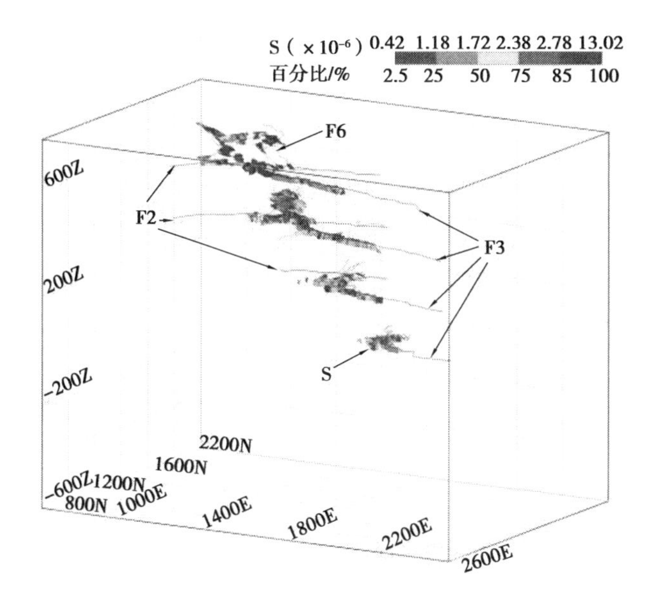

图 5-17 S 与主成矿构造的三维空间关系分布图

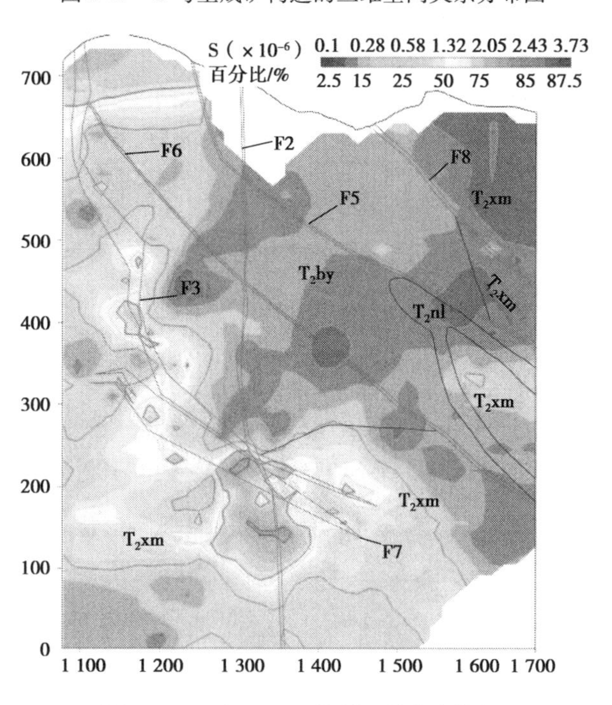

图 5-18 S 在 3-1720 线剖面的分布特征

(6)成矿元素垂向分布规律

分析成矿元素的垂向分布规律对研究成矿规律具有重要的指示意义,通过所建地质模型,按照 20 m 为一个分段提取地质模型相关成矿元素平均含量进行分析,发现元素含量在垂向分布上存在如下规律(图 5-19):

①Au 从-300 m 水平标高至 680 m 标高(出露地表)平均含量(品位)变化不大,近地表平均品位较高,在 300 m 标高段品位偏低,随着深度的增加,平均品位区域平衡。在-100 ~ 100 m 标高段平均品位变化较大,在-100 m 以下平均品位均高于上部区域,Au 平均最高品位为 4. 9 g/t,位于-140 m 水平。该分布特征可能与成矿热液通过 F3 断层迁移至深部后受重力影响富集有关,因为此处为断层尖灭处,成矿热液迁移到此处后无其他通道流失而更多地在此富集,计算其线金属量(谭亲平等,2017)发现,其线金属含量具有相似分布规律。

②S 元素在近地表平均含量较低,其平均含量随着深度的增加而增大,尤其在 580 ~ 300 m 段增幅较大,随后趋于平缓,其最高平均含量为 2. 16%,位于-140 m 水平。

③As 在近地表含量较高,但在 650 ~ 550 m 逐渐降低,随后又随着深度的增加而增大,至 450 m 水平以下平均含量及线金属量变化不大,但在-100 m 水平及-300 m 水平突然增大,尤其在-300 m 水平增幅较大,As 平均最高含量为 $6\ 451\times10^{-6}$,位于-280 m 水平。

④Sb 和 Hg 在垂向分布上相关性较高,均表现为近地表含量偏低,随着深度增加含量增大,到 400 m 水平后又有所降低,在 60 ~ 100 m 和-120 ~ -200 m 段急剧增大,随后逐渐降低,其线金属量具有相似垂向变化特征。Sb 平均含量最高达 546×10^{-6},位于-140 m 水平,Hg 平均含量最高达 142×10^{-6},位于 220 m 水平。

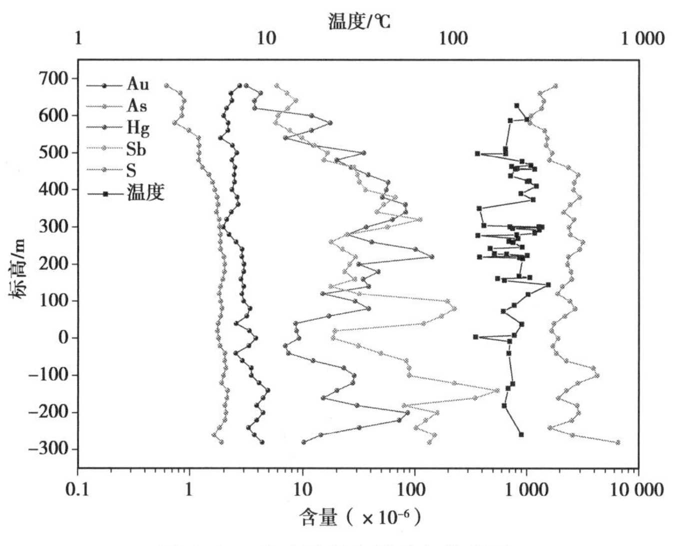

图 5-19　成矿元素含量垂向分布图

5.3　流体包裹体热晕场三维空间分布规律

本次选取矿区主矿体进行包裹体研究工作，共取样 58 件，石英脉颜色呈乳白色，石英脉宽 2～50 mm，沿构造裂隙填充，不规则状分布，反映成矿构造为张性空间，石英脉中偶见黄铁矿化，局部有雄黄、雌黄、辰砂等发育。烂泥沟矿区包裹体样品如图 5-20 所示。

矿区包裹体大小为 2～10 μm，以椭圆状、哑铃状、长条状居多，包裹体呈无序排列，为原生包裹体。类型以液相、气液相为主，其中气液型包裹体中气相体边界呈次圆状，气液比一般为 10%～30%，常温下可见气泡移动，未见固相子晶。

矿区包裹体测温结果显示，均一温度呈正态分布，最大值为 394 ℃，最小值为 111 ℃，主要集中在 170～260 ℃，平均温度为 228 ℃。前人测得烂泥沟金矿使用包裹体温度主要分布在 200～275 ℃（Zhang et al.，2003；Yan，2017），所测结果与前人研究结果吻合。

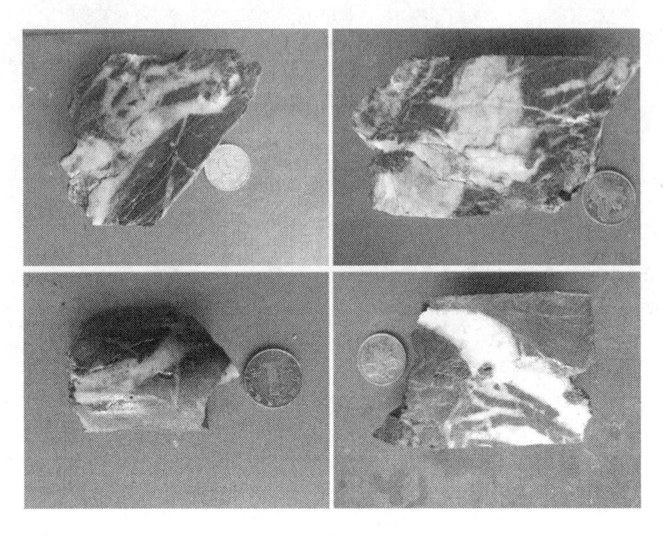

图 5-20　烂泥沟矿区包裹体样品

将所得测数据导入矿山三维软件 Surpac 中,绘制矿体热晕场分布图(图 5-21)。结果显示,高温区(红色)集中在标高 150 ~ 450 m,如图中红色大球所示。从图 5-19 中可以看到,在 450 m 标高以上,温度逐步降低,在近地表时有所回升,可能与成矿热液进入构造宽阔空间后压力得到释放从而温度降低有关,地表温度升高可能与成矿热液进入近地表后,地表盖层导致热液无法扩散而温度升高有关;在标高 130 m 以下,平均温度有所降低。从三维空间上来看(图 5-21),F2 在标高 130 m 开始与 F3 断层交汇并延伸至地表,高温区大致处于 F2 与 F3 交汇区域,表明 F2 断裂带与成矿热液运移关系密切,成矿热液可能来源于深部,后沿 F2 断层进入 F2 和 F3 断裂带交汇处并向周边迁移富集成矿。从 F2 和 F3 断裂带空间关系来看,F2 为陡立断层切穿 F3 断层,结合矿体热晕场结果,可以推断成矿流体由 F2(与深部导矿构造连通)迁移至 F2 与 F3 交汇处,此时,该处温度较高,随着成矿流体压力得到释放,成矿热液向周边迁移后,温度随之下降,这样就能够解释为什么石英包裹体温度在两端低于交汇处了。由此可见,成矿热液通道为 F2 断层,而并非前人所述的来源于 F3 深部。

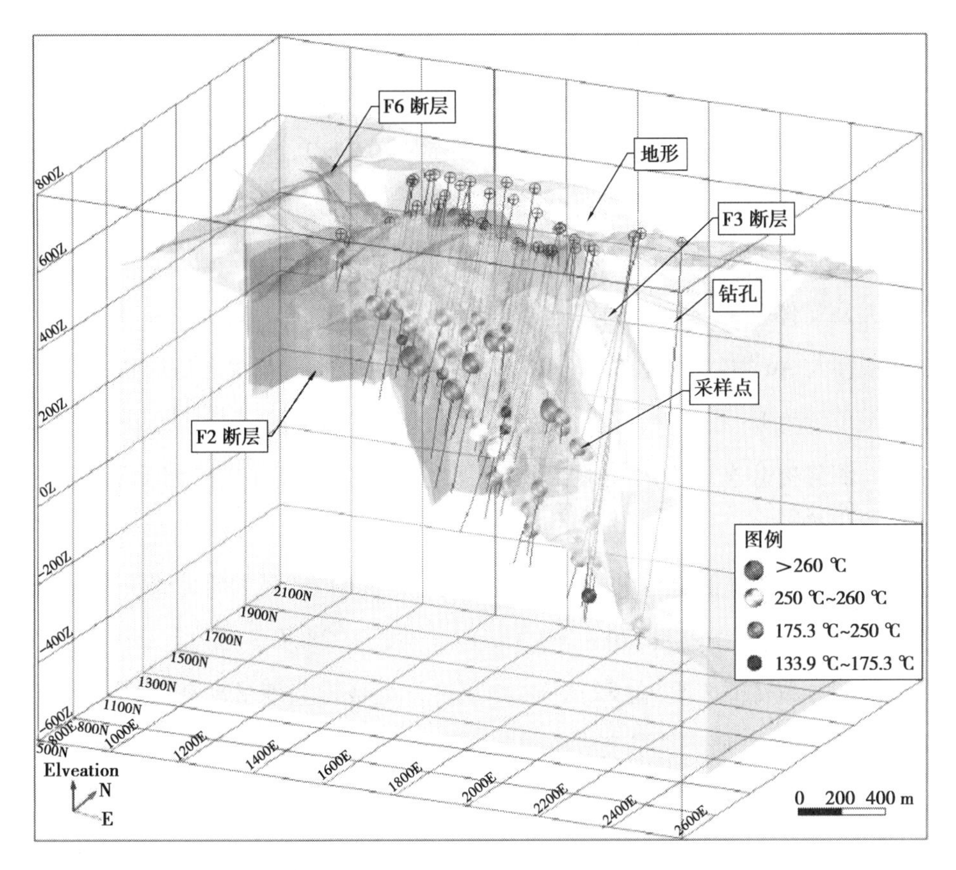

图 5-21 包裹体均一温度空间分布图

5.4 小结

本章通过对矿区大数据进行统计分析，建立成矿元素三维可视化模型并分析了其空间富集规律；通过流体包裹体温度场数据建立温度空间分布图，分析了成矿流体温度变化与成矿耦合关系，本章研究得出如下主要结论：

①采用统计学软件 SPSS 对 9 364 个矿化样品进行统计分析，成矿相关元素（Au、As、Hg、Sb、S）直方图及 Q-Q 图显示呈正态分布。Au 与 As、Hg、Sb 相关系数高于 0.8，相关性高，Au 与 Ag、Mo、W 相关性也较高（相关性系数>0.3），与部

分元素成负相关,如 Co、Cu、Ni、Sn 及 Zn,但相关性均很弱。As、Hg、Sb、Ag 与 W 均成强相关,Co、Sn 与 W,Ni 与 W、Zn 成正相关,相关性较强。

②利用矿山三维软件 Surpac 对 215 个钻孔 67 770 个化验数据进行成矿相关元素(Au、As、Hg、Sb、S)三维建模分析,成矿相关元素的空间分布均严格受限于控矿构造。其中 Au 在 F2 和 F3 断层交汇处最为富集,品位最高达 91.7 g/t,形成厚大富矿体,次生断层与主矿体交汇处具有类似特征。As、Hg、Sb 和 S 空间分布规律与 Au 类似,但是 As、Hg 和 Sb 在 200 ~ 400 m 标高段含量最高,与其所处空间位置为 F3 和 F2 断层交汇处有关,结合成矿温度场及构造关系分析,F2 断层与深部构造连通,属于导矿断层。因此,该区域温度和成矿相关元素含量均较高。

③矿区包裹体测温结果显示,均一温度呈正态分布,最大值为 394 ℃,最小值为 111 ℃,主要集中在 170 ~ 260 ℃,平均温度为 228 ℃。流体包裹体热晕场三维空间分布特征表明,在 F2 和 F3 断层交汇处成矿温度最高,向周边呈逐步降低趋势,与构造研究结果及成矿相关元素空间分布规律相吻合。

第 6 章　构造地球化学

成矿元素构造地球化学是研究卡林型金矿成矿流体运移路径和成矿过程的重要方法，大量学者采用构造地球化学研究方法对世界范围内的卡林型金矿进行了大量研究，确定了成矿流体的运移路径和成矿过程（Longo et al.，2009；De Almeida et al.，2010；Barker et al.，2013；Hickey et al.，2014a；Hickey et al.，2014b；谭亲平等，2017；郑禄林，2017）。为探索成矿元素在构造破碎带中迁移富集沉淀机制，本书选取烂泥沟金矿典型剖面 3-1720 线为具体研究对象[图 6-1(b)]，在 F3 主断层破碎带中取样进行分析。本书从四个钻孔中共取样 42 件，分析测试了矿岩主微量元素（表 6-4）；并对 3#钻孔黑色方框段[图 6-1(b)]采用折线图法进行详细的主微量元素带入带出分析，对其他钻孔破碎带中矿石和围岩样品采用质量等值线进行元素带入带出分析，同时在光学显微镜及扫描电镜下进行岩相学对比分析，利用 XRD 和 TIMA 进行矿物组成分析，利用电子探针 EPMA 对构造破碎带中的黄铁矿进行地球化学分析。

6.1　构造破碎带中元素的迁移富集规律

在构造空间的运移过程中，成矿流体与围岩之间物质的带入和带出通量，可以利用矿体和围岩的主微量元素对数等值线图确定（Gresens，1967；Grant，1986）。由去碳酸盐化导致的体积丢失可以产生不活动元素的相对富集（Kuehn and Rose，1992；Cail and Cline，2001）。在热液蚀变过程中，组分的加入（如硅化

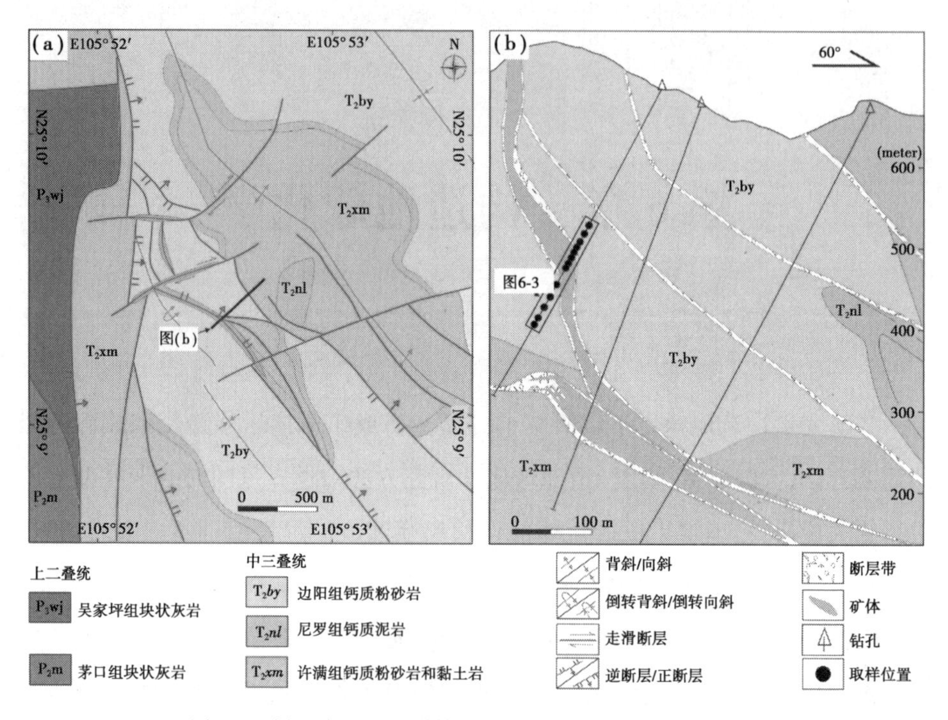

图 6-1 烂泥沟金矿地质简图及矿区地质剖面和取样位置

作用)可以造成不活动元素的稀释。元素的活动性和不活动性可以用所有样品的两个元素作散点图的方法确定(Finlowbates and Stumpfl,1981)。例如,去碳酸盐化作用会引起不活动元素含量增加,不活动元素在 X-Y 散点图中远离坐标原点。硅化、伊利石化等蚀变过程中若有组分加入岩石中,则会导致不活动元素稀释,其在 X-Y 散点图中靠近坐标原点。各种蚀变过程中不活动元素在 X-Y 散点图中都能拟合成一条直线,如果这两个元素能很好地拟合出一条直线,说明这两个元素是不活动元素,它们在不同样品中的含量高低是体积丢失或组分加入形成的相对富集和相对稀释造成的。如果在形成体积丢失或组分加入的热液活动中,这两个元素中的一个或两个发生带出或带入,那么它们就会偏离原有的直线,不能很好地拟合成一条直线。

元素等值线散点图(Grant,1986)被用于研究美国内华达州卡林型金矿在矿化和热液蚀变过程中矿体与围岩之间物质的带入和带出,并确定金的沉淀机制(Radtke et al.,1972;Kuehn and Rose,1992;Hofstra,1994;Stenger et al.,1998a;Cail and Cline,2001;Kesler et al.,2003;Yigit and Hofstra,2003)。矿化和热液蚀变过程中,矿体和围岩之间的元素活动性研究表明,硫化作用和去碳酸盐化作用是美国卡林型金矿金的主要沉淀机制(Cail and Cline,2001;Kesler et al.,2003;Yigit and Hofstra,2003)。另外,美国卡林型金矿不同品位矿石的铁和硫的散点图也表明,赋矿地层中的铁远远大于生成含金黄铁矿所需要的铁,生成含砷黄铁矿所需的铁可能来自地层本身,即硫化作用是金的沉淀机制(Stenger et al.,1998b;Kesler et al.,2003;Ye et al.,2003)。

也有众多学者对中国西南贵州卡林型金矿做了大量研究(Hu et al.,2002;Peters et al.,2003;Zhang et al.,2003;Chen et al.,2011;Wang et al.,2013;Tan et al.,2015a),谭亲平等人(2015)利用Isocon图解对水银洞金矿的研究表明,Au、As、Sb、Hg、Tl和S显著加入矿石中,CaO、Na_2O、Sr和Li从围岩中被带出,而Fe_2O_3和SiO_2表现为不活动性;韦东田等人(2017)对泥堡金矿的研究发现,Au、Sc、As和Fe_2O_3明显加入矿石中,而SiO_2、CaO、Sr、W和Be等则从围岩中带出。

本书中,Al_2O_3和TiO_2的高R^2(0.899 3)值表明这两个元素为不活动元素(图6-2)。Zr和Th也具有类似特征,说明这两个元素也是不活动元素(Rubin et al.,1993;Cail and Cline,2001)。不活动元素拟合出的直线称为不活动等值线,这条直线的斜率能够确定岩石蚀变过程中质量的改变量(Grant,1986)。其变化量由公式计算得到:

$$\Delta_{mass} = (1/m - 1) \times 100$$

其中,m是不活动等值线的斜率(Hofstra,1994)。位于不活动等值线上的元素,在热液蚀变或成矿过程中带入构造破碎带矿体,反之则带出(Gresens,1967;Grant,1986)。

图6-2中显示了构造破碎带矿体中围岩蚀变或矿化过程元素的带入和带出情况,取样位置如图6-1所示,样品均采自二叠系边阳组砂岩及黏土岩。元素对数等值线图中显示,Au、As、Sb、Hg、Ag和S加入所有构造破碎带岩石中。根据

电子探针及面扫描分析表明(表 6-1 和图 6-9),这些元素加入构造破碎带矿体后主要赋存于含砷黄铁矿中,与成矿关系较为密切。SiO_2 在不活动等值线的上部(红线上部),说明该样品中硅化作用强烈。根据 XRD 测试结果显示,矿石中

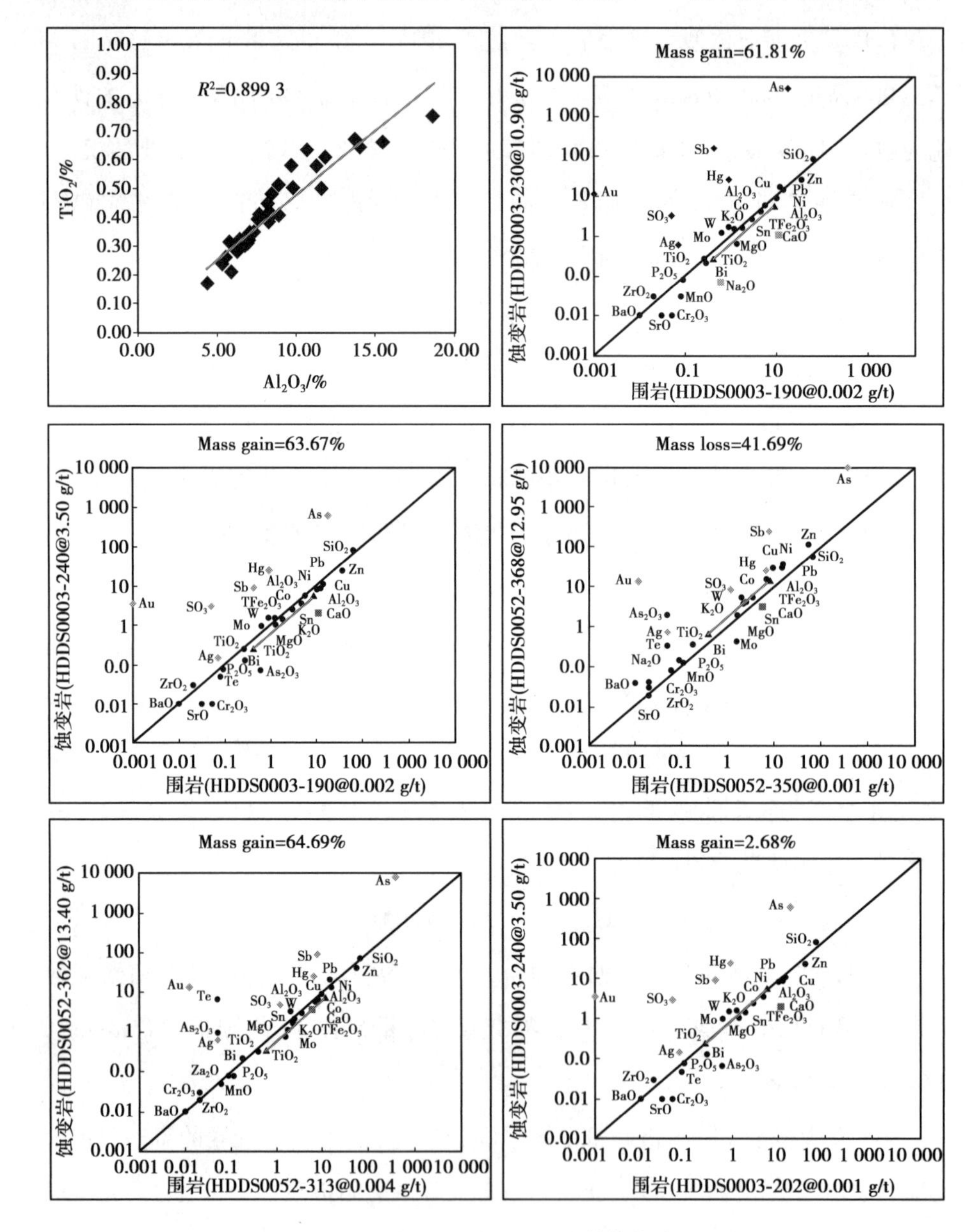

图 6-2 Al_2O_3 和 TiO_2 关系图及对数等值线散点图

石英的平均含量为 85.85%，围岩中石英的平均含量仅为 55%，进一步表明矿化过程中硅化作用强烈。CaO 明显从围岩中带出，说明存在去碳酸盐化作用。

为更进一步分析元素在构造破碎带中的带入和带出，选择品位较高的构造破碎带矿石和围岩进行主微量元素对比分析。分析结果和检测限如表 6-1 所示，穿过控矿断层的剖面元素含量变化如图 6-3 所示，卡林型金矿成矿相关元素（SO_3、Au、As、Sb、Hg 和 Tl）及 Ag 在构造破碎带中显示出一致的变化和富集规律。另外，Mo、W 和 SiO_2 在矿体中增加，同时 CaO、MgO 和 Na_2O 随着 Au 含量的增加而降低。图 6-3 中灰色标记的其他元素（Co、Cu、Ni、Pb、Sn、Zn、Bi、TFe_2O_3、P_2O_5、K_2O、Al_2O_3、TiO_2）随 Au 含量的变化保持不变。

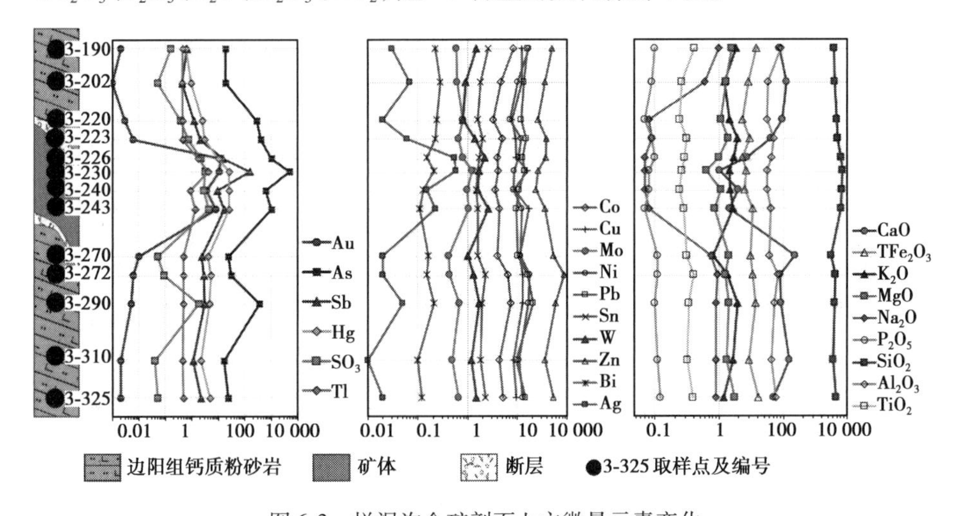

图 6-3　烂泥沟金矿剖面上主微量元素变化

剖面位置如图 6-1(b)所示，图中 As、Sb、Hg、Tl、Ag、SO_3 和 SiO_2 含量均有明显升高，Mo 和 W 变化微小，同时 CaO、MgO 和 Na_2O 含量随着 Au 含量的升高而降低。

表 6-1　烂泥沟金矿岩石样品主微量元素含量

元素	单位	检测限	编号													
			3-190	3-202	3-218	3-220	3-223	3-226	3-230	3-233	3-240	3-243	3-270	3-272	3-290	3-310
Au	μg/g	0.001	0.002	0.001	0.002	0.003	0.006	12.050	10.900	0.345	3.50	7.69	0.010	0.006	0.005	0.002
As	μg/g	0.2	18.8	18.1	90.1	281	409	1 040	4940	1 125	614	1 025	23.3	30.6	358	16.5
Sb	μg/g	0.05	0.64	0.43	3.04	1.20	2.02	14.75	156.5	11.30	9.17	16.15	2.33	2.84	2.98	1.12
Hg	μg/g	0.01	0.61	0.92	2.74	2.56	2.95	9.89	25.00	11.26	25.00	24.5	4.16	5.19	4.46	2.21
SO_3	%	0.01	0.16	0.05	0.36	0.37	0.74	2.19	3.16	3.23	2.89	4.32	0.05	0.09	1.86	0.04
Ag	μg/g	0.01	0.03	0.07	0.09	0.02	0.06	0.54	0.57	0.12	0.15	0.22	0.02	0.02	0.05	0.01
Bi	μg/g	0.01	0.22	0.28	0.84	0.24	0.22	0.15	0.21	0.43	0.13	0.11	0.16	0.15	0.21	0.10
Co	μg/g	0.1	8.5	4.6	17.8	3.2	4.9	4.0	4.1	10.9	3.6	4.4	3.9	6.5	7.4	4.3
Cu	μg/g	0.2	12.4	12.4	39.6	7.9	9.1	9.5	16.1	23.3	8.8	17.2	11.3	12.8	12.7	8.4
Mo	μg/g	0.05	0.59	0.62	0.26	0.81	0.66	0.80	1.22	0.67	0.98	1.04	0.41	0.43	0.68	0.49
Ni	μg/g	0.2	17.2	10.2	36.2	7.2	12.0	10.4	8.8	23.7	8.5	12.5	11.8	17.5	16.8	10.8
Pb	μg/g	0.5	15.9	13.9	12.6	12.1	15.2	13.0	14.3	19.3	10.8	9.4	10.1	16.2	20.7	9.5
Sn	μg/g	0.2	2.6	1.8	4.1	1.6	2.0	1.7	1.6	3.1	1.5	1.6	1.6	2.3	1.9	1.8
W	μg/g	0.1	1.5	0.9	3.0	0.8	1.4	2.2	1.7	3.4	1.6	2.6	1.0	1.3	1.7	1.2

Zn	μg/g	2	51	36	109	26	39	38	26	67	24	36	54	87	60	36
Al_2O_3	%	0.01	8.97	5.63	15.53	5.47	7.05	6.38	5.55	11.62	5.47	6.31	5.92	8.20	7.08	6.49
CaO	%	0.01	8.58	11.10	7.34	9.49	6.37	2.74	1.04	5.65	1.98	1.46	14.80	8.71	8.99	12.25
TFe_2O_3	%	0.01	3.78	2.86	4.94	2.36	3.00	2.33	2.66	4.79	2.53	3.34	3.07	3.30	3.68	2.94
K_2O	%	0.01	1.87	1.22	4.28	1.49	1.93	1.71	1.49	3.21	1.53	1.69	0.82	1.35	1.93	1.67
MgO	%	0.01	1.60	1.30	2.44	1.09	1.40	1.00	0.64	2.07	1.08	0.87	1.43	1.28	1.44	1.33
Na_2O	%	0.01	1.00	0.60	0.14	0.08	0.09	0.07	0.07	0.10	0.07	0.08	0.76	0.95	0.09	0.09
P_2O_5	%	0.01	0.10	0.09	0.14	0.07	0.09	0.10	0.08	0.12	0.08	0.07	0.11	0.11	0.10	0.11
SiO_2	%	0.01	61.63	64.24	50.93	68.50	70.06	79.60	84.20	60.37	81.72	80.48	56.64	64.83	64.59	60.73
TiO_2	%	0.01	0.41	0.26	0.66	0.24	0.31	0.29	0.26	0.50	0.24	0.28	0.31	0.40	0.34	0.32
LOI	%	0.01	11.29	11.74	12.57	9.91	8.05	4.36	2.94	9.36	3.72	4.05	15.21	9.92	10.51	13.31

元素	单位	检测限	编号													
			3-325	2-270	2-290	2-313	2-340	2-342	2-345	2-348	2-350	2-362	2-365	2-368	2-372	2-375
Au	μg/g	0.001	0.002	0.002	0.001	0.004	0.001	0.005	0.003	0.004	0.012	13.400	0.040	12.950	4.04	4.12
As	μg/g	0.2	23.6	30.7	8.6	33.8	219	85.4	117.5	242	392	7 870	4140	10 000.0	10 000.0	3 590
Sb	μg/g	0.05	2.24	1.51	0.28	1.87	4.07	3.13	3.51	4.74	8.04	86.4	31.5	241	79.6	59.2

续表

元素	单位	检测限	编号													
			3-325	2-270	2-290	2-313	2-340	2-342	2-345	2-348	2-350	2-362	2-365	2-368	2-372	2-375
Hg	μg/g	0.01	4.83	0.83	0.45	3.05	6.76	2.06	2.64	4.50	6.67	25.00	25.00	25.00	25.00	25.00
SO_3	%	0.01	0.05	1.97	0.04	0.32	0.94	0.18	0.36	0.51	1.18	4.71	2.02	8.41	4.06	4.16
Ag	μg/g	0.01	0.02	0.07	0.03	0.07	0.05	0.05	0.02	0.06	0.05	0.64	0.03	0.72	0.45	0.27
Bi	μg/g	0.01	0.12	0.21	0.05	0.36	0.31	0.45	0.21	0.30	0.18	0.22	0.10	0.35	0.25	0.33
Co	μg/g	0.1	5.2	10.7	3.9	17.8	10.3	15.0	9.9	12.0	6.9	5.9	5.2	15.1	9.7	7.5
Cu	μg/g	0.2	9.7	16.2	3.4	24.6	14.5	32.0	17.0	24.1	9.7	9.1	6.9	29.8	16.5	12.7
Mo	μg/g	0.05	0.66	0.88	0.71	0.57	0.45	0.23	0.28	0.29	1.59	0.76	0.64	0.44	0.58	0.56
Ni	μg/g	0.2	12.8	20.0	7.9	34.8	25.1	35.4	20.6	27.2	15.8	13.8	11.7	34.7	23.7	19.1
Pb	μg/g	0.5	14.8	21.6	12.6	30.2	23.5	13.8	11.0	15.6	14.8	21.5	14.0	30.0	21.4	26.0
Sn	μg/g	0.2	2.3	2.7	1.2	3.2	2.5	4.9	4.0	4.0	2.4	2.1	1.9	4.0	3.1	2.1
W	μg/g	0.1	1.5	1.4	0.6	1.9	1.4	2.7	3.3	3.4	2.0	3.3	2.3	5.2	4.5	3.9
Zn	μg/g	2	54	44	21	136	90	31	34	52	58	41	39	112	68	105
Al_2O_3	%	0.01	7.55	8.57	4.33	11.40	8.59	18.76	13.88	14.14	8.20	6.90	6.68	14.06	9.94	7.25
CaO	%	0.01	7.05	8.70	11.85	7.53	8.93	6.37	7.34	7.37	5.69	3.69	8.65	3.19	3.81	5.62

TFe_2O_3	%	0.01	4.10	4.83	3.37	5.41	4.17	5.33	5.41	5.31	3.57	3.15	3.11	5.60	4.02	3.72
K_2O	%	0.01	1.20	1.84	0.90	2.93	2.36	5.28	3.90	3.91	2.24	1.70	1.83	3.88	2.64	1.90
MgO	%	0.01	1.78	2.36	1.76	2.18	1.78	2.48	2.49	2.44	1.65	1.10	1.91	1.84	1.76	1.67
Na_2O	%	0.01	0.09	0.85	0.50	0.46	0.10	0.17	0.14	0.14	0.09	0.08	0.08	0.14	0.12	0.09
P_2O_5	%	0.01	0.12	0.12	0.05	0.14	0.12	0.13	0.13	0.14	0.11	0.08	0.10	0.13	0.12	0.10
SiO_2	%	0.01	67.95	58.72	62.75	56.20	60.56	47.53	52.54	52.37	68.22	71.49	65.18	57.68	66.73	69.58
TiO_2	%	0.01	0.39	0.48	0.17	0.58	0.41	0.75	0.67	0.65	0.38	0.33	0.31	0.65	0.50	0.34
LOI	%	0.01	9.17	11.89	13.41	12.57	11.19	12.76	12.90	12.72	8.21	9.32	10.27	9.25	7.34	7.74

元素	单位	检测限	编号													
			7-400	7-430	7-468	7-470	7-472	7-488	7-493	7-494	8-470	8-485	8-500	8-515	8-525	8-535
Au	μg/g	0.001	0.011	0.005	0.004	0.003	0.002	4.75	0.035	0.603	0.002	0.004	0.006	0.001	0.001	0.002
As	μg/g	0.2	39.5	22.9	97.3	43.1	154.0	2370	468	617	50.5	36.8	34.4	81.5	58.4	44.4
Sb	μg/g	0.05	0.78	2.10	5.05	1.42	1.30	23.7	8.76	13.40	0.94	3.68	11.45	8.19	15.25	5.35
Hg	μg/g	0.01	2.20	2.09	1.45	2.40	1.42	14.13	6.32	7.41	4.36	3.68	4.13	2.19	1.78	4.05
SO_3	%	0.01	0.04	0.17	1.27	0.83	0.94	2.31	2.36	2.42	0.24	1.12	2.10	1.00	0.31	0.81
Ag	μg/g	0.01	0.02	0.06	0.04	0.03	0.01	0.15	0.02	0.02	0.01	0.07	0.04	0.06	0.02	0.03

续表

元素	单位	检测限	编号													
			7-400	7-430	7-468	7-470	7-472	7-488	7-493	7-494	8-470	8-485	8-500	8-515	8-525	8-535
Bi	μg/g	0.01	0.12	0.33	0.18	0.20	0.10	0.20	0.19	0.14	0.18	0.23	0.30	0.09	0.13	0.34
Co	μg/g	0.1	6.2	14.0	8.7	6.0	6.3	10.0	7.2	5.0	12.3	14.7	7.7	8.2	10.2	7.1
Cu	μg/g	0.2	9.6	24.2	17.0	13.2	7.2	12.4	9.4	7.4	64.4	6.1	25.5	51.1	2.3	26.4
Mo	μg/g	0.05	0.42	0.30	0.42	0.54	0.48	0.84	0.51	0.46	0.36	1.54	0.85	0.40	0.36	0.40
Ni	μg/g	0.2	15.0	28.4	22.8	15.5	14.6	19.4	18.6	11.8	39.9	26.9	14.3	16.0	16.3	25.0
Pb	μg/g	0.5	15.1	20.2	19.6	14.6	15.7	29.8	15.1	7.2	6.0	30.1	22.1	4.1	7.4	5.8
Sn	μg/g	0.2	1.9	3.4	2.7	2.5	1.9	2.4	1.9	1.4	1.8	2.1	2.1	1.4	1.7	2.2
W	μg/g	0.1	1.0	2.0	1.9	1.7	1.4	2.2	1.8	1.5	1.3	1.3	1.4	2.0	2.3	1.5
Zn	μg/g	2	45	96	63	60	47	49	79	56	304	170	133	78	73	58
Al_2O_3	%	0.01	6.69	11.90	8.96	8.35	6.86	7.72	5.85	5.88	9.74	10.78	11.68	7.43	10.15	12.22
CaO	%	0.01	9.48	7.20	4.15	6.14	8.90	6.31	13.35	13.75	10.35	9.18	6.63	8.68	5.91	10.25
TFe_2O_3	%	0.01	3.47	5.08	3.27	3.46	3.10	4.05	4.38	3.14	7.56	7.91	5.93	6.42	4.61	6.91
K_2O	%	0.01	1.76	2.82	1.72	2.02	1.59	1.97	1.52	1.36	1.83	2.42	2.74	1.82	1.76	2.98
MgO	%	0.01	1.59	2.26	1.15	1.58	1.40	1.72	2.22	1.24	3.23	3.10	2.22	3.45	2.10	3.12

Na_2O	%	0.01	0.10	0.59	0.24	0.25	0.19	0.13	0.11	0.08	0.51	0.32	0.23	0.15	0.23	0.25
P_2O_5	%	0.01	0.09	0.13	0.16	0.12	0.09	0.12	0.09	0.07	0.13	0.12	0.11	0.08	0.10	0.10
SiO_2	%	0.01	64.45	56.63	72.09	68.00	65.97	67.11	55.63	58.81	48.99	49.44	57.67	56.64	63.52	47.01
TiO_2	%	0.01	0.30	0.61	0.51	0.45	0.30	0.40	0.31	0.21	0.58	0.63	0.48	0.39	0.51	0.49
LOI	%	0.01	11.31	11.90	6.23	8.57	10.08	8.28	13.72	12.85	16.33	14.92	10.37	13.52	10.10	15.58

6.2 构造破碎带及围岩矿物组成

构造破碎带及围岩的地球化学和岩相学的对比研究,可以反演构造活动与成矿作用的关系。在3#钻孔[图6-1(b)]破碎带及围岩中取样进行分析,图6-2(a)和(b)代表围岩,其全岩金含量为0.002 g/t,图6-2(c)和(d)代表构造破碎带矿石,其全岩金含量分别为12.05 g/t和3.50 g/t。围岩样品多为灰色粉砂岩,偶见方解石脉,宽1~2 mm,黄铁矿稀少。矿石样品多为深灰色粉砂岩,方解石和石英脉发育,且相互切割,方解石脉较窄(0.1~5 mm),石英脉较宽,偶见块状发育,部分样品中可见辉锑矿发育[图6-2(b)]。同时,矿石中常发育雄黄和辰砂等。烂泥沟金矿中矿岩样品组成较为相似,主要由石英、伊利石、铁白云石组成,但在围岩样品中斜长石、方解石和铁白云石含量较高,而在矿石样品中伊利石和黄铁矿含量较高(表6-2)。

在薄片扫描照片中,可以看到围岩中黄铁矿极其少见[图6-2(a)、(b)],而在矿石样品中,黄铁矿遍布整个薄片[图6-2(c)、(d)]。在背散射BSE图像下,围岩样品中很少发现黄铁矿(平均含量0.27%),局部见同沉积或成岩型黄铁矿,呈草莓状[图6-2(a),BSE图像],被石英、伊利石、方解石、铁白云石及磷灰石包裹,偶见具环带状黄铁矿[图6-2(b),BSE图像]。在矿石样品中,分布大量的具环带状含砷载金黄铁矿[图6-2(c)、(d),BSE图像],平均含量为1.45%(表6-2),黄铁矿被石英、方解石、伊利石包裹。EPMA分析表明,围岩样品中黄铁矿As含量较低,平均含量为2.37%,Au的平均含量为376×10^{-6},而矿石样品中黄铁矿As含量较高(0.337%~41.39%),平均含量为13.64%,Au的平均含量为975×10^{-6}。值得注意的是,在矿体黄铁矿中,黄铁矿核部Au品位通常较低($<2\times10^{-6}$),As含量也较低,而在黄铁矿环带中As含量高达41.39%,Au含量高达$1\ 750\times10^{-6}$[图7-4(f)]。由此可见,烂泥沟金矿Au主要赋存于黄铁矿含砷环带中。

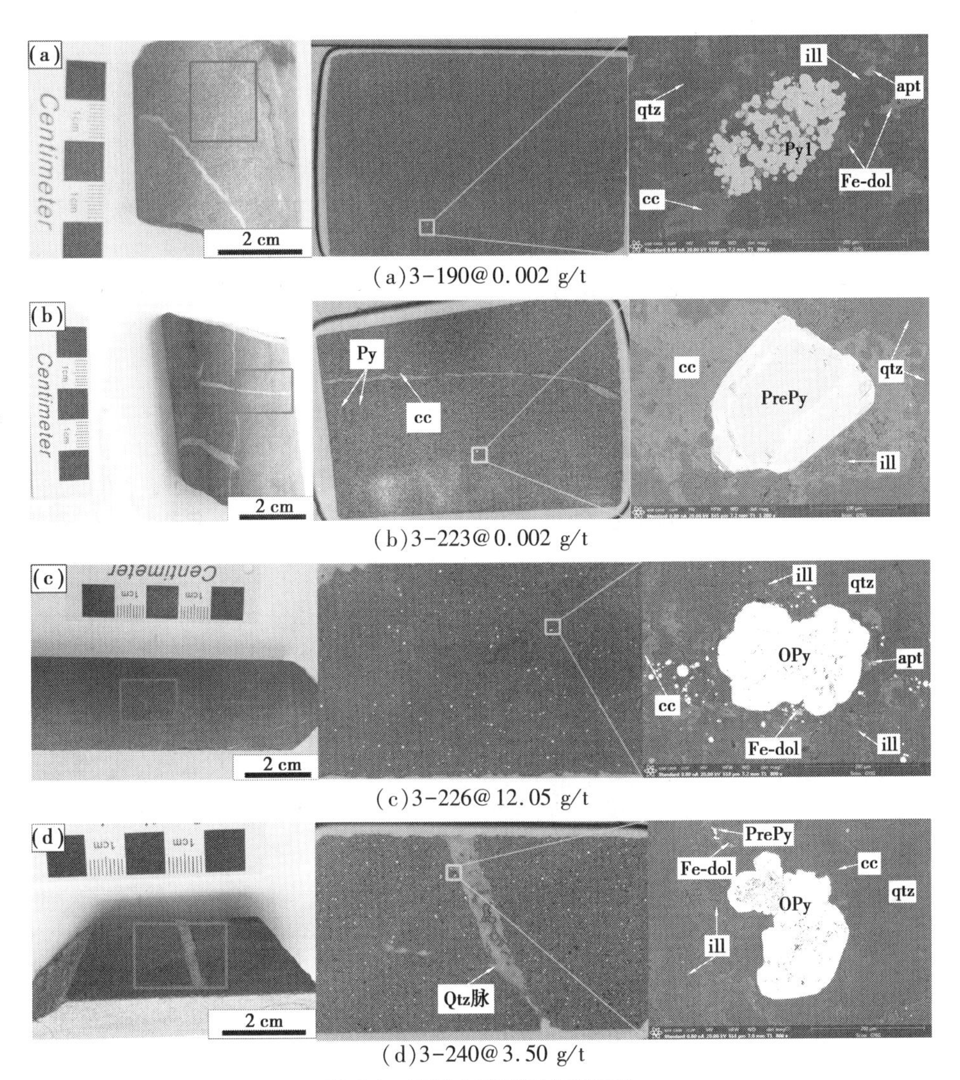

(a)3-190@0.002 g/t

(b)3-223@0.002 g/t

(c)3-226@12.05 g/t

(d)3-240@3.50 g/t

图 6-4　围岩和矿石岩相学对比

该样品全部取自钻孔 3#(在剖面 3-1720 上)。每组图上方标注为钻孔编号+取样深度+全岩金品位。从左到右为手标本照片、薄片扫描照片及电镜扫描照片[图(c)为 BSE 照片]。(a)为围岩样品,灰色砂岩,偶见方解石脉,含有大量石英、方解石、少量铁白云石、少量伊利石、少量磷灰石及成矿前草莓状黄铁矿。(b)为围岩样品,灰色砂岩,见方解石脉和石英细脉,含有大量石英、方解石、少量伊利石及成矿前黄铁矿。(c)为构造破碎带中高品位矿石,灰色粉砂岩,成矿期黄铁矿发育,被大量石英、伊利石、方解石、铁白云石、磷灰石包裹。(d)为构造破碎带中中等品位矿石,可见方解石和石英脉发育,脉中不含黄铁矿,黄铁矿主要赋存在岩石中,黄铁矿含量远高于围岩中的黄铁矿数量,且多为带环带黄铁矿。缩写:apt—磷灰石;BSE—背散射电子;cc—方解石;Fe-dol—铁白云石;ill—伊利石;OPy—成矿期黄铁矿

表 6-2　黄铁矿及毒砂电子探针结果

编号	元素及其含量/%													
	Cu	Fe	Ni	Co	Cr	Sn	As	W	Au	Hg	Sb	S	Tl	合计
3-190-1-1	0.007	41.720	0.034	0.084	0.010	bdl	0.119	bdl	0.065	bdl	bdl	50.116	bdl	92.155
3-190-1-2	0.022	41.652	0.043	0.087	bdl	bdl	0.125	bdl	0.008	bdl	bdl	50.196	bdl	92.133
3-190-1-3	bdl	35.242	0.024	0.074	0.028	bdl	0.074	0.082	0.020	bdl	0.027	43.695	bdl	79.266
3-223-01-1	bdl	45.747	0.002	0.047	0.003	0.004	bdl	bdl	0.090	bdl	bdl	53.163	bdl	99.056
3-223-01-2	0.197	43.933	0.007	0.046	bdl	bdl	6.698	bdl	bdl	bdl	0.003	48.019	bdl	98.903
3-223-01-3	0.156	44.935	bdl	0.061	bdl	bdl	2.743	0.018	0.032	bdl	bdl	51.121	bdl	99.066
223-01-4	0.176	43.602	0.003	0.059	0.002	bdl	6.551	bdl	bdl	bdl	bdl	47.707	bdl	98.100
223-01-5	bdl	45.784	0.007	0.059	bdl	bdl	bdl	bdl	bdl	bdl	0.010	53.184	bdl	99.044
3-223-01-6	0.013	45.701	bdl	0.058	bdl	0.024	0.284	0.089	0.011	bdl	bdl	53.521	bdl	99.701
3-226-4-1	—	45.687	—	0.066	—	—	0.063	0.009	—	—	0.007	53.426	—	99.258
3-226-4-2	0.167	43.127	—	0.033	0.004	0.007	7.009	0.055	0.075	—	—	47.446	—	97.923
3-226-4-3	0.059	43.928	0.015	0.053	—	—	6.749	—	0.179	—	—	48.247	—	99.230
3-226-4-4	—	42.288	—	0.048	—	—	10.332	—	—	—	0.022	45.453	—	98.143
3-226-4-5	—	42.970	0.008	0.040	0.009	—	8.162	0.090	0.147	—	0.179	48.722	—	100.327

3-240-02-1	0.014	45.119	0.246	0.157	bdl	0.009	0.327	bdl	bdl	bdl	bdl	52.819	bdl	98.691
3-240-02-2	bdl	45.974	0.030	0.064	bdl	bdl	0.633	bdl	bdl	bdl	0.004	52.965	bdl	99.670
3-240-02-3	0.017	45.485	0.024	0.051	bdl	bdl	0.635	0.028	bdl	bdl	0.001	52.768	bdl	99.009
3-240-02-4	0.112	42.673	bdl	0.054	0.026	0.013	9.692	0.010	0.079	bdl	bdl	46.049	bdl	98.708
3-240-02-5	bdl	43.453	bdl	0.040	bdl	bdl	6.198	bdl	0.116	bdl	0.357	48.703	bdl	98.867
3-240-02-6	bdl	45.627	bdl	0.052	bdl	bdl	0.337	bdl	bdl	bdl	bdl	51.997	bdl	98.013
3-240-02-7	bdl	43.146	bdl	0.044	bdl	bdl	10.202	bdl	0.073	bdl	0.007	45.657	bdl	99.129
3-240-02-8	0.005	35.805	bdl	0.050	0.024	bdl	39.544	0.083	bdl	bdl	bdl	24.453	bdl	99.964
3-240-02-9	bdl	35.339	0.007	0.030	bdl	bdl	41.387	0.026	bdl	bdl	bdl	22.996	bdl	99.785
3-240-02-10	bdl	35.767	bdl	0.039	bdl	bdl	38.660	bdl	0.089	bdl	0.044	25.170	0.022	99.791
3-240-02-11	bdl	35.860	bdl	0.035	0.008	bdl	38.467	bdl	0.022	bdl	0.005	24.895	bdl	99.292

注：bdl 为低于检测限。检测限（质量分数）：Au 0.035%，Cu 0.009%，Fe 0.009%，Ni 0.010%，Co 0.001%，Cr 0.016%，Sn 0.026%，As 0.015%，W 0.034%，Hg 0.062%，Sb 0.013%，S 0.009%，Tl 0.056%。

根据 X 射线衍射(XRD)谱线分析结果,石英和伊利石在所有矿石和围岩中均有出现,石英的最高含量达到89.2%,伊利石的最大值达到83%。XRD 半定量计算结果表明,矿石样品中石英和黄铁矿的平均含量远高于围岩样品,但围岩样品中的方解石和铁白云石的平均含量远高于矿石样品,伊利石在围岩和矿石中的平均含量相当(表6-2)。

石英和伊利石在围岩和构造破碎带中均有出现,是由于矿区内岩石主要为石英砂岩和泥岩互层构成。构造破碎带样品中的石英远高于围岩样品,说明构造破碎带中硅化作用明显。黄铁矿作为烂泥沟金矿的主要载金矿物,因此,在构造破碎带样品中黄铁矿含量远高于围岩样品。构造破碎带样品中的方解石和铁白云石含量远低于围岩样品,说明成矿过程的去碳酸盐化。

采用 TIMA 对烂泥沟金矿构造破碎带和围岩样品进行矿物扫面,结果如图6-5、表6-3 所示。TIMA 准确地分析了位置手标本[图6-5(a)、(d)]和薄片光学扫描图片[图6-5(b)、(e)]。在围岩和构造破碎带中的矿物类型非常相近,但是其矿物含量却不同[图6-4(c)、(f)]。在围岩中主要成分(体积分数)为石英(59.153%)、伊利石(11.310 3%)、方解石(13.153 3%)、钠长石(9.458 3%)、铁白云石(4.275 3%)和菱铁矿(1.093 3%),而在构造破碎带中主要成分为石英(79.361%)、伊利石(15.117%)、铁白云石(2.596%)和黄铁矿(1.275%)。围岩和构造破碎带中的其他矿物包括白云石、高岭石、金红石、磷灰石、绿泥石、锆石、闪锌矿、独居石和毒砂等,含量很少(体积分数<1%)。在矿物组成直方图中(图6-6)可以明显看出矿物变化与蚀变和矿化程度有关。结果显示,在构造破碎带中石英、伊利石和黄铁矿大量富集,同时,方解石、钠长石、铁白云石和菱铁矿明显减少。值得注意的是,在构造破碎带中发现大量黄铁矿,而在围岩中却非常稀少。

表6-3 X射线粉晶衍射半定量计算结果

样品编号	岩性描述	金品位/($\mu g \cdot g^{-1}$)	黏土矿物含量 伊利石 I/%	高岭石 K/%	绿泥石 C/%	伊/蒙混层 I/S/%	石英/%	斜长石/%	方解石/%	白云石/%	铁白云石/%	菱铁矿/%	黄铁矿/%
0003-190	粉砂岩	0.002	58	11	20	11	53.6	12.8	15.0	bdl	7.7	1.5	bdl
0003-218	粉砂岩	0.002	83	4	10	3	40.5	2.3	2.6	bdl	25.5	0.7	bdl
0003-223	粉砂岩	0.006	72	bdl	bdl	28	70.9	0.6	7.3	bdl	11.1	bdl	0.8
0003-226	粉砂岩	12.05	54	12	21	13	83.4	0.4	2.2	bdl	4.7	bdl	1.3
0003-230	粉砂岩	10.90	74	9	bdl	17	89.2	bdl	0.4	bdl	2.5	bdl	1.4
0003-240	粉砂岩	3.50	76	bdl	bdl	24	84.5	0.4	0.9	bdl	6.0	bdl	1.3
0003-243	粉砂岩	7.69	79	bdl	bdl	21	86.3	0.4	bdl	bdl	3.3	bdl	1.8
围岩平均矿物组成			71	5	10	14	55	5.23	8.3	bdl	14.77	0.73	0.27
矿石平均矿物组成			70.75	5.25	5.25	18.75	85.85	0.3	0.88	bdl	4.13	bdl	1.45

注：bdl为低于检测限，所有矿物检测限为1%。

表 6-4 烂泥沟金矿围岩和矿石中矿物组分统计分析

矿　物	围岩(3-190)		矿石(3-226)	
	体积百分数/%	颗粒数	体积百分数/%	颗粒数
石英	59.153	33 510	79.361	17 833
伊利石	11.310	126 200	15.117	140 623
黄铁矿	0.021	350	1.275	29 044
方解石	13.153	64 055	0.738	16 261
钠长石	9.458	41 019	0.002	139
铁白云石	4.275	35 103	2.596	21 980
菱铁矿	1.093	18 418	0.003	62
白云石	0.321	1 628	0.429	2 446
高岭石	0.697	14 196	0.039	2 612
金红石	0.141	3 887	0.173	4 698
磷灰石	0.127	1 569	0.163	1 682
黑电气石	0.148	2 481	0.063	355
绿泥石	0.078	4 573	0.000	27
锆石	0.013	141	0.025	199
磷铝铈石	0.003	69	0.005	4 573
闪锌矿	0.002	38	0.003	73
独居石	0.001	10	0.001	15
毒砂	0.000	0	0.002	140
未分类	0.003	737	0.003	767

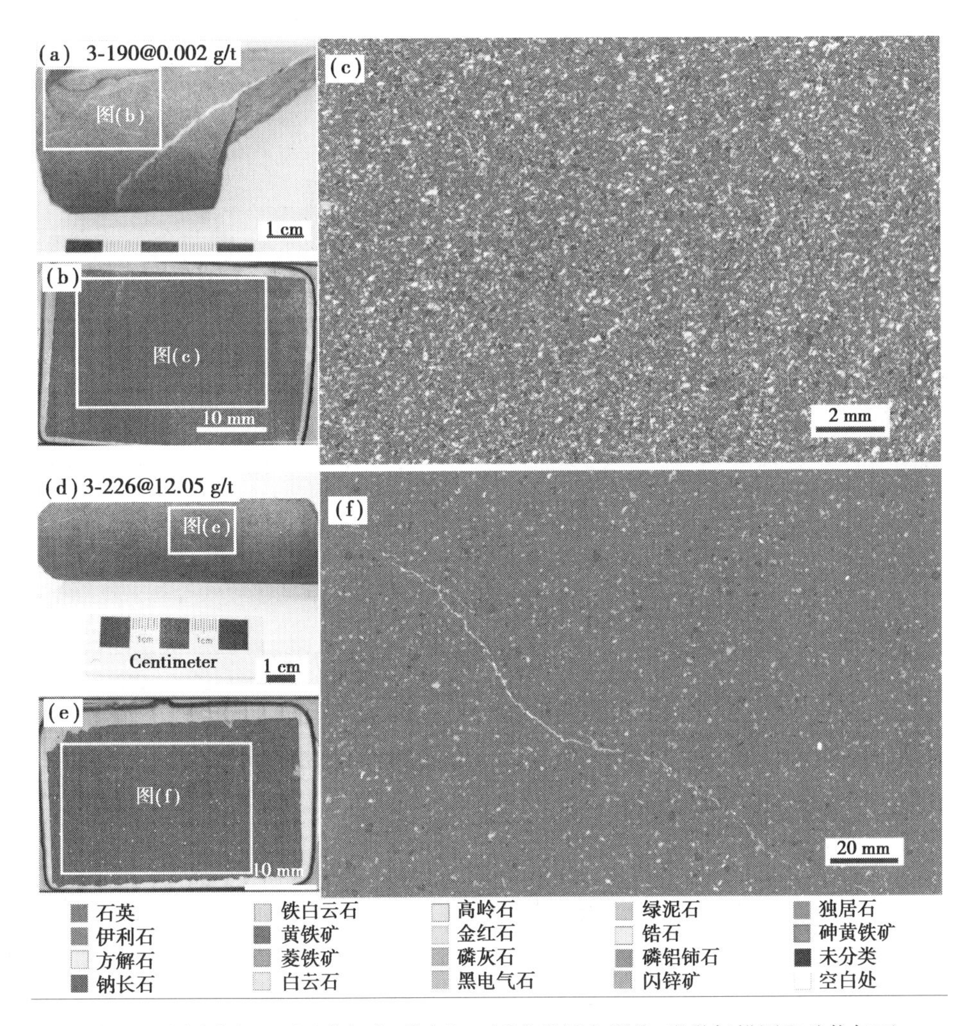

图6-5　围岩[(a)—(c)]和矿石[(d)—(f)]手标本照片、光学扫描图和矿物扫面

围岩中矿物组成主要为石英(灰色)、方解石(黄色)、伊利石(紫色)、钠长石(蓝色)、铁白云石(金黄色)和菱铁矿(粉红色);矿石中矿物组成主要为石英、伊利石、铁白云石和黄铁矿(暗红色)。

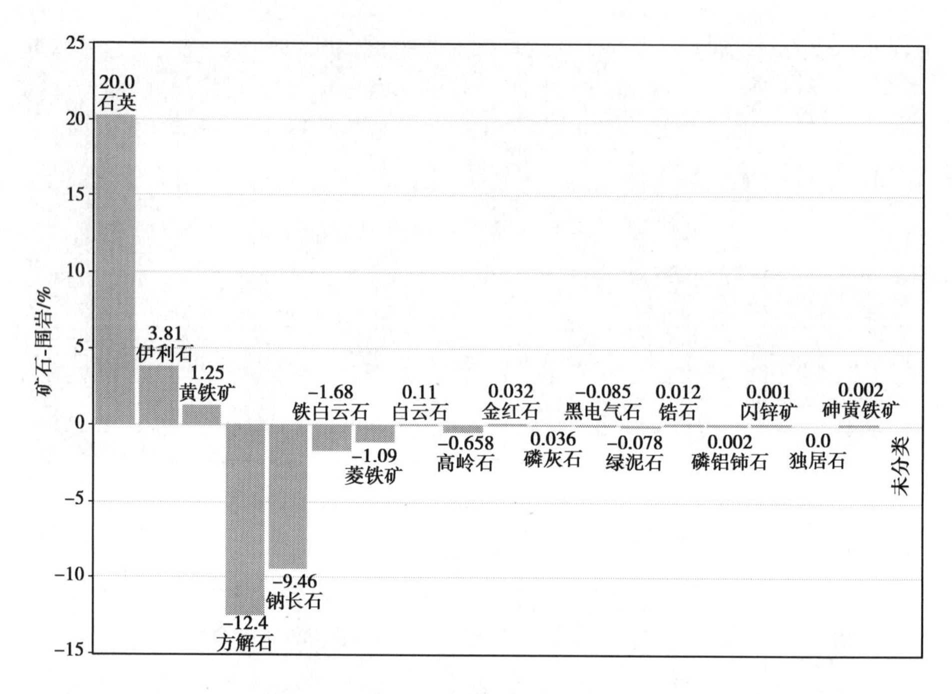

图 6-6　矿岩矿物组成直方图(体积百分比)

与围岩相比,构造破碎带中的石英、伊利石和黄铁矿明显增加,同时,方解石、钠长石、铁白云石和菱铁矿明显减少。

6.3　构造破碎带及围岩黄铁矿地球化学

烂泥沟金矿黄铁矿是主要的成矿前硫化物和载金矿物,通过对黄铁矿进行形态学、结构及地球化学研究,识别出五种类型的黄铁矿,分别为 Py1、Py2、Py3、Py4 和成矿期黄铁矿 OPy(图 6-7、图 6-8),其中,Py1、Py2、Py3 在围岩中发现,Py4 和 OPy 在构造破碎带中发现。黄铁矿在构造破碎带中大多数呈粗颗粒状并具环带特征,Py4 为黄铁矿核部,OPy 为黄铁矿环带[图 6-8(g)—(i)]。

第一类黄铁矿 Py1 呈草莓状,由球状或自形黄铁矿晶体组成,直径~0.5 ~ 1 μm,被球状颗粒之间的空隙分隔[图 6-8(a)、(b)]。单颗草莓状黄铁矿直径 5 ~ 30 μm,这类黄铁矿呈黄白色,弱抛光,常出现草莓状黄铁矿集合体。在低倍镜下(标尺 50 ~ 100 μm)的草莓状黄铁矿单颗粒[图 6-7(c)、图 6-8(a)],在高倍镜下(标尺 10 μm)发现仍然具有草莓状特征,即由很多单颗粒黄铁矿组成[图 6-7(d)]。第二类黄铁矿 Py2 主要为半自形或自形,直径 30 ~ 50 μm[图 6-8(c)、(d)],Py2 在光学显微镜下呈现黄白色,抛光度好、高反射、高凸起,很容易被识别。第三类黄铁矿 Py3 通常具有结核状或生物碎屑状[图 6-8(e)、(f)],直径 30 ~ 80 μm,由细颗粒球状或自形黄铁矿晶体(直径~5 μm)组成,一些细颗粒晶体具有化学差异性,在背散射图(BSE)中显示为浅灰白色的斑点。第四类和第五类黄铁矿[图 6-8(g)—(l)],即 Py4 和 OPy 在光学显微镜及 BSE 照片中只要将亮度调低、对比度调高,就能被很好地识别。矿石中的黄铁矿大多粒度较粗,呈明显的环带状结构,其中 Py4 是核,OPy 是边。Py4 在光学显微镜下呈黄白色,抛光差,在 BSE 图像上呈深灰色,而 OPy 在光学显微镜下呈淡金黄色,抛光好,在 BSE 图像上呈亮灰色。Py4 的直径一般为 40 ~ 100 μm,内含大量的伊利石或石英包裹体以及裂隙,而 OPy 中很少有这种包裹体和裂隙。OPy 是矿石中主要的含金矿物,代表了成矿阶段的黄铁矿。OPy 的厚度通常为 10 ~ 60 μm,含有多个富 As 亚带,这些亚带较窄,一般无法进行 LA-ICP-MS 和 LA-MC-ICP-MS 分析。此外,OPy 还能形成单个半自形到自形的细粒黄铁矿,直径为 5 ~ 20 μm。细粒 OPy 通常是一个五角十二面体,在 BSE 图像中包含多个富 As 带[图 6-8(i)],很容易与半自形到自形的 Py2 区分[图 6-8(c)、(d)]。

黄铁矿 Py1、Py2 和 Py3 主要赋存在围岩中,然而在围岩样品中金品位极低(0.002×10^{-6}),且缺乏遭受围岩蚀变或矿化的证据,这意味着黄铁矿 Py1、Py2 和 Py3 形成于成矿前,为同沉积黄铁矿。全球典型的沉积型(成岩作用和同沉积作用)黄铁矿主要为草莓状、结核状(Large et al.,2014;Gregory et al.,2016),且具有完好的自形微晶结构并具有较高的 As、Ni、Pb、Cu 和 Co 含量(中值范围为 $100\sim1\,000\times10^{-6}$),相对高的 Mo、Sb、Zn 和 Se 含量(中值范围为 $10\times10^{-6}\sim100\times10^{-6}$)。Py1、Py2 和 Py3 在结构和化学性质方面与沉积型黄铁矿具有一致性[图6-7(a)—(f);图6-8],因而为沉积成因。另外,Py1、Py2和Py3的硫同位素分布范围较广,$\delta^{34}S$为-5.1‰~35.4‰,表明这些黄铁矿可能是在(半)开放和硫酸盐有限的水体中沉积,与成岩过程中细菌硫酸盐还原作用有关。在成岩和同生沉积阶段后,由于热液活动的侵蚀或溶解作用,矿体中黄铁矿Py1、Py2和Py3非常稀少。

成矿期黄铁矿OPy是最主要的载金矿物,Py4为黄铁矿核部,被Opy包围,由此可见,Py4的形成早于OPy。在OPy中Au、As、Sb和Tl含量较高(图6-8),与这些元素明显进入富矿体一致(图6-8)。同时,Fe含量不变,大量的S加入矿石中(图6-8),说明矿石中的热液黄铁矿是硫化作用而不是黄铁矿化作用形成的,与黔西南和美国内华达州其他卡林型金矿类似(Hofstra and Cline,2000;Cail and Cline,2001;Tan et al.,2015b;Su et al.,2018)。从围岩到矿石中铁白云石和菱铁矿的体积百分比显著降低(图6-7、图6-8),暗示其为矿石中的热液黄铁矿的形成提供了Fe。

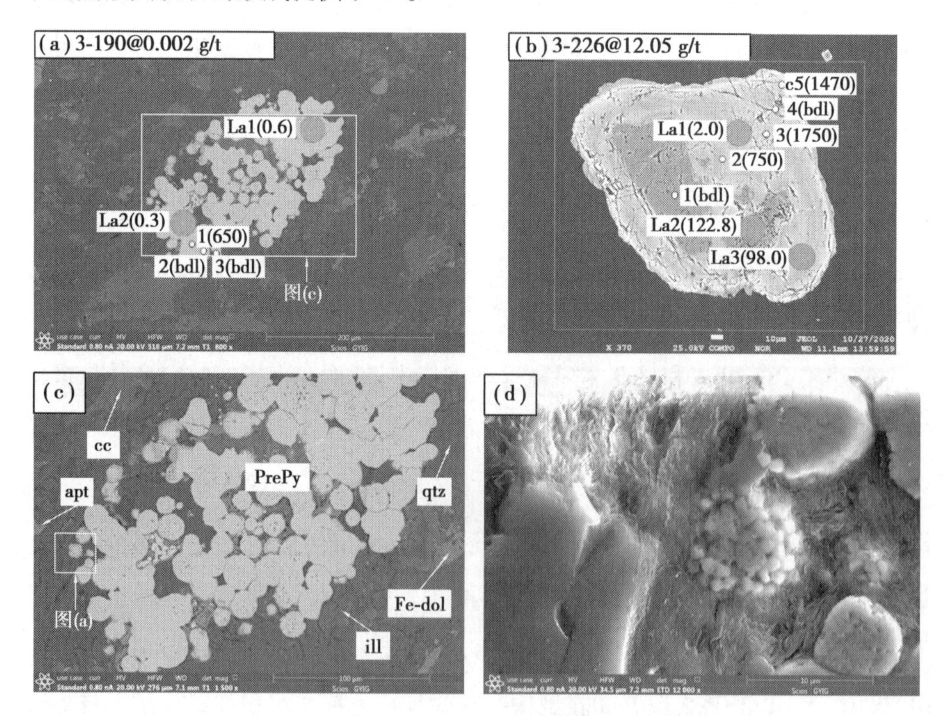

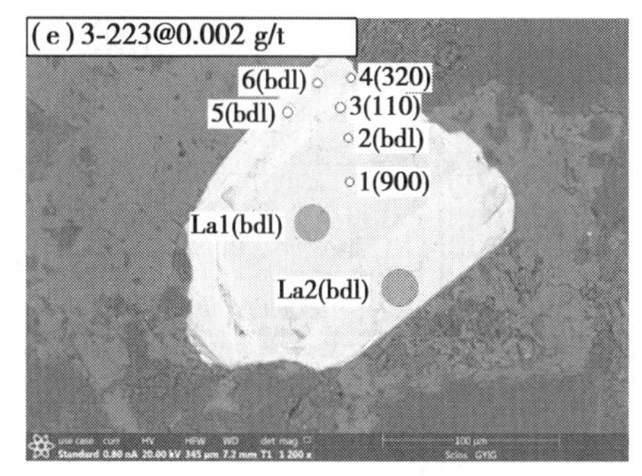

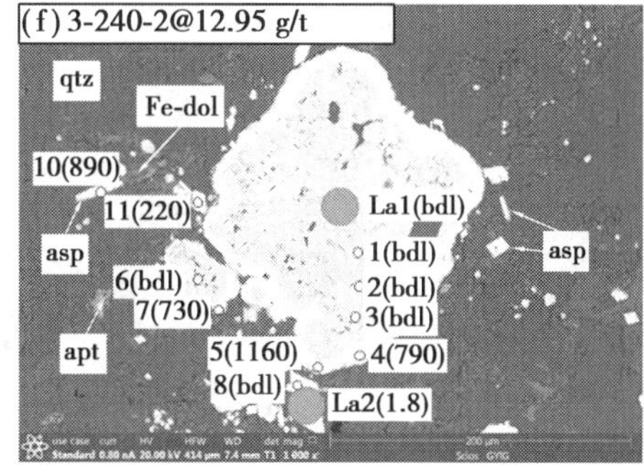

图 6-7　围岩与矿石中黄铁矿对比分析

每组图上方标注为钻孔编号+取样深度+全岩金品位。图中红色实点为 LA-ICP-MS 分析位置,标注为分析点号及金含量($\times10^{-6}$);黄色实点为 EPMA 分析位置,标注为分析点号及金含量($\times10^{-6}$)。(a)和(c)为围岩中的成矿前黄铁矿 Py1,被石英、方解石、铁白云石及伊利石包裹,黄铁矿呈草莓状聚集;(b)为高品位矿石中的成矿期黄铁矿,具有明显的环带结构,核部为 Py4,环带为 OPy,裂隙发育,由石英、伊利石和 OPy 充填其中;(d)为围岩中草莓状黄铁矿 Py1 的局部放大图,仍然呈草莓状结构;(e)为围岩中靠近矿体一侧的成矿前黄铁矿,具有一定的环带结构,部分 EPMA 测试结果显示含金;(f)为高品位矿石中的成矿期黄铁矿,呈半自形结构,具有明显环带,环带较窄,周边发育大量毒砂。

缩写:apt—磷灰石;asp—毒砂;BSE—背散射电子;cc—方解石;Fe-dol—铁白云石;ill—伊利石;OPy—成矿期黄铁矿;PreOPy—成矿前黄铁矿;qtz—石英。

bdl—低于检测限(LA-ICP-MS ~ 0.03$\times10^{-6}$,EPMA ~ 120$\times10^{-6}$)

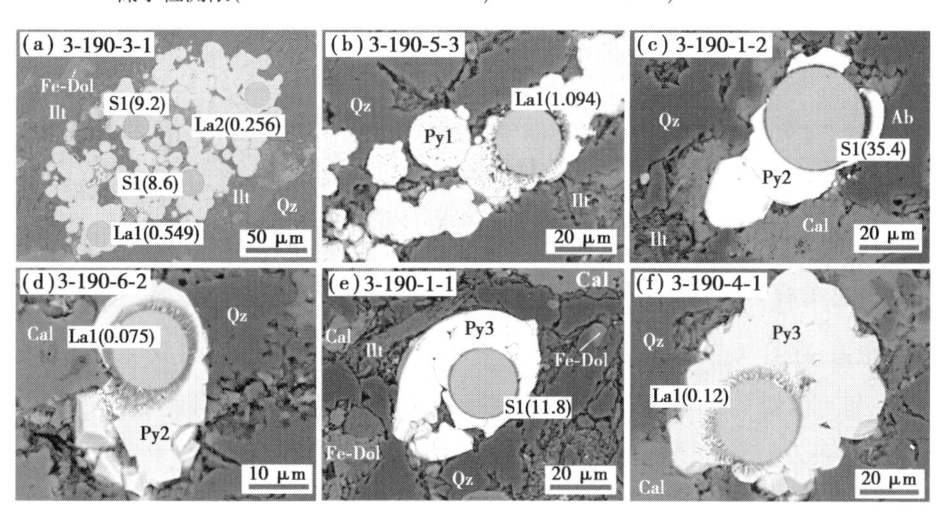

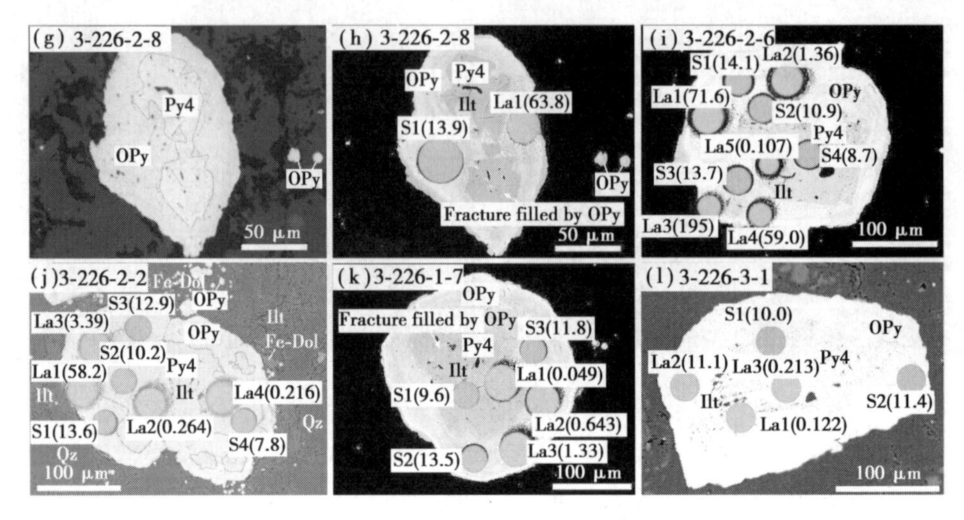

图 6-8　构造破碎带和围岩中的黄铁矿类型

烂泥沟金矿围岩和矿石中黄铁矿背散射(BSE)图片[(a)—(f),(h)—(l)]和显微镜图片[(g)],围岩中的黄铁矿[(a)—(f)]呈草莓状、结核状且具有很好的自形微晶结构,矿石中的黄铁矿[(g)—(l)]具有环带状结构,亮度上核部较环带暗。黄铁矿核部包含大量的伊利石包裹体和裂隙,裂隙被环带黄铁矿充填。

绿色和红色小点分别指示 LA-ICP-MS 和 LA-MC-ICP-MS 的分析位置,分析结果标注在图中,其中 Au 为$\times10^{-6}$,硫同位素值为‰。

缩写:Fe-Dol—铁白云石,Ilt—伊利石,Qz—石英,Cal—方解石,Ab—钠长石,Py1—第一类成矿前黄铁矿,Py2—第二类成矿前黄铁矿,Py3—第三类成矿前黄铁矿,Py4—第四类成矿前黄铁矿,OPy—成矿期黄铁矿。

通过对含金黄铁矿 EPMA 扫面发现[图 6-9(a)—(f)],Au 在 Py4 和 OPy 中均有分布,且除环带较富集外分布均匀[图 6-9(b)],与 Sb 分布特征相近,但在局部 Sb 较为富集,EPMA 扫面上形成多处红点[图 6-9(d)],可能与 OPy 大量切割 Py4 有关。但是 S 在 Py4 中含量远高于 OPy 中的含量,而 As 在 Py4 中含量很低,在 OPy 中却很高[图 6-9(e)—(f)],值得注意的是,在 OPy 内环[图 6-9(c)]可以看出一个 Cu 高值区间,暗示成矿期的早期成矿流体相对富 Cu。

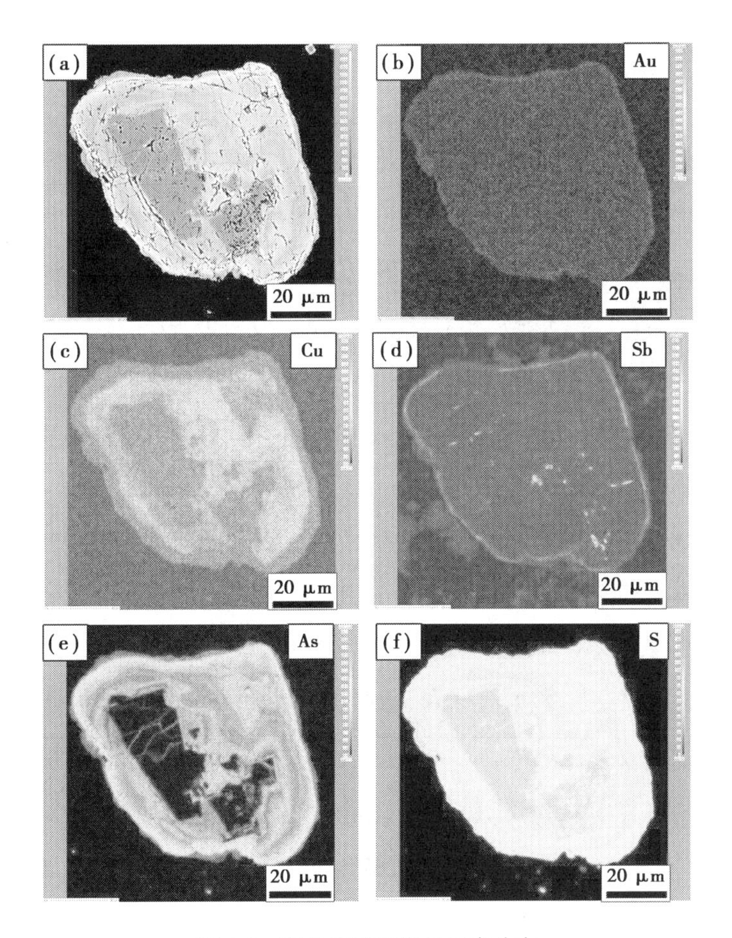

图 6-9　高品位矿石微量元素分布

(a)—(f)为 EPMA 面扫结果。(b)为 Au 在黄铁矿中的分布情况,核部和边缘均有分布,但边缘环带中含量较高。(c)为 Cu 在黄铁矿中的分布情况,核部含量较低,次环带中含量较高,边缘环带又降低。(d)为 Sb 在黄铁矿中的分布情况,在边缘环带中含量较高,且在黄铁矿内部呈点状不均匀且呈现高含量。(e)为 As 在黄铁矿中的分布情况,呈现明显的圈带,核部基本没有发育 As,核部周边逐层发育,最外层环带中含量高。(f)为 S 在黄铁矿中的分布情况,核部 S 含量较高,环带中较低。

LA-ICP-MS 分析获得了各类黄铁矿中比较可靠的 12 种微量元素含量,包括 Au、As、Sb、Tl、Ag、Cu、Pb、Co、Ni、Mn、Zn、Mo,这些元素的测定值多高于检出限的三倍。黄铁矿 LA-ICP-MS 分析结果如图 6-10 所示。黄铁矿中微量元素中位数和平均值的统计特征如表 6-5 所示,黄铁矿微量元素分析结果如表 6-6 所示。

Py1、Py2 和 Py3 具有较高的 Co、Ni、Mn、Zn 和 Mo 含量(图 6-10;中值为 10~1 000×10^{-6})。然而,这些元素在 Py1、Py2 和 Py3 的含量还有微小差异。Py1 有相对高的 Au(0.384 ×10^{-6}),Tl(6.13 ×10^{-6}),Ag(17.3 ×10^{-6})和 Pb(689 ×10^{-6});Py2 和 Py3 显示相对低的 Au(0.070 和 0.073 ×10^{-6}),Tl(0.789×10^{-6} 和 0.741 ×10^{-6}),Ag(3.53×10^{-6} 和 3.32 ×10^{-6})和 Pb(89.2×10^{-6} 和 132 ×10^{-6})。Py1 中 Zn 含量低(21.1 ×10^{-6}),但 Py2(111 ×10^{-6})和 Py3(75.3 ×10^{-6})中 Zn 含量高。

Py4 和 OPy 的微量元素组成显示明显的差异和相似之处(图 6-10)。差异性表现在 OPy 中具有更高的成矿相关元素(Au 58.6 ×10^{-6},As 51 863 ×10^{-6},Sb 366 ×10^{-6},Tl 12.4 ×10^{-6},Cu 1038 ×10^{-6}),而在 Py4 中较低(Au 0.122 ×10^{-6},As 831 ×10^{-6},Sb 60.2 ×10^{-6},Tl 0.446 ×10^{-6},Cu 29.1 ×10^{-6})。相似性表现为:在 Py4 中 Pb(359 ×10^{-6}),Co(27.2 ×10^{-6}),Ni(131 ×10^{-6}),Mn(2.11 ×10^{-6}),Zn(0.710 ×10^{-6})和 Mo(0.010 ×10^{-6})的含量与 OPy 中的非常相似(Pb 356 ×10^{-6},Co 6.69 ×10^{-6},Ni 46.2 ×10^{-6},Mn 0.262 ×10^{-6},Zn 1.51 ×10^{-6} 和 Mo 0.010 ×10^{-6}),但是与 Py1、Py2 和 Py3 中的差异明显。另外,Py4 中的 Sb 含量(60.2 ×10^{-6})低于 OPy 中的(366 ×10^{-6}),但是远远高于 Py1(27.4 ×10^{-6})、Py2(18.2 ×10^{-6})和 Py3(11.9 ×10^{-6})。总之,除与成矿有关的元素(Au、As、Sb、Tl 和 Cu)外,Py4 的微量元素组成与 OPy 高度相似,说明 Py4 与 OPy 具有相似的成因。

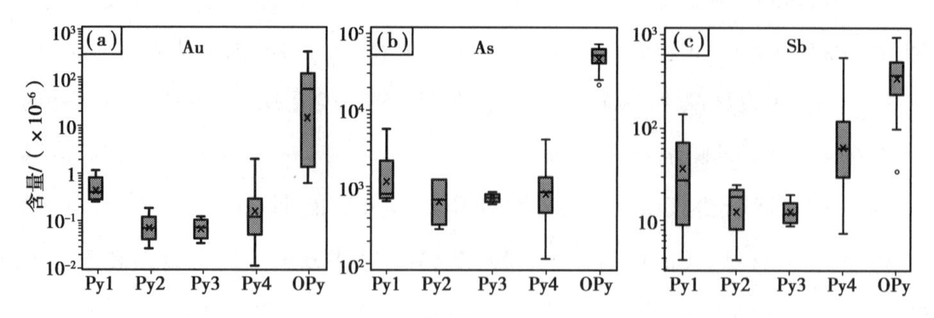

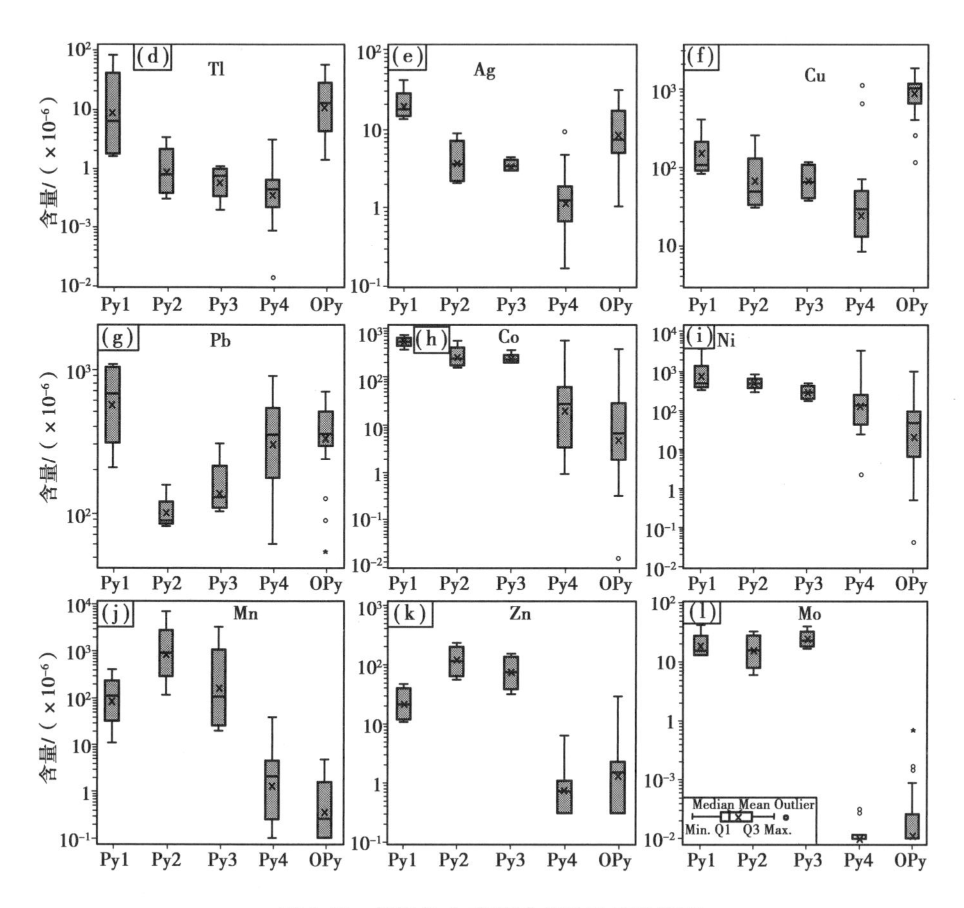

图 6-10　烂泥沟金矿黄铁矿微量元素箱图

图中数据经过了对数处理。

缩写:Fe-Dol—铁白云石,Ilt—伊利石,Qz—石英,Cal—方解石,Ab—钠长石,Py1—第一类成矿前黄铁矿,Py2—第二类成矿前黄铁矿,Py3—第三类成矿前黄铁矿,Py4—第四类成矿前黄铁矿,OPy—成矿期黄铁矿。

表 6-5　烂泥沟金矿黄铁矿中微量元素中值及均值

类型	Au	As	Sb	Tl	Ag	Cu	Pb	Co	Ni	Mn	Zn	Mo
	中值											
Py1	0.384	779	27.4	6.13	17.3	107	689	598	469	110	21.1	14.9
Py2	0.070	657	18.2	0.789	3.53	48.9	89.2	245	467	901	111	15.6
Py3	0.073	706	11.9	0.741	3.32	64.1	132	220	280	108	75.3	22.6
Py4	0.122	831	60.2	0.446	1.22	29.1	359	27.2	131	2.11	0.710	0.010
OPy	58.6	51 863	366	12.4	7.11	1038	356	6.69	46.2	0.262	1.51	0.010
类型	均值											
Py1	0.450	1 224	24.9	8.39	19.9	140	574	576	714	86	21.9	18.6
Py2	0.070	621	13.3	0.890	3.87	65.6	101	277	472	895	113	14.6
Py3	0.068	700	12.4	0.581	3.42	65.0	153	247	278	166	71.8	24.0
Py4	0.144	809	64.0	0.358	1.10	35.0	307	20.3	124	1.25	0.765	0.011
OPy	18.9	47 857	321	10.2	8.25	808	330	4.70	19.8	0.394	1.24	0.019

说明:计算中值和均值的数据如表 6-6 所示,计算中低于检测限的使用检测限数值的一半。

缩写:Fe-Dol—铁白云石,Ilt—伊利石,Qz—石英,Cal—方解石,Ab—钠长石,Py1—第一类成矿前黄铁矿,Py2—第二类成矿前黄铁矿,Py3—第三类成矿前黄铁矿,Py4—第四类成矿前黄铁矿,OPy—成矿期黄铁矿。

表 6-6 烂泥沟金矿黄铁矿微量元素组成

单位:ug/g

分析点编号	类型	Au	As	Sb	Tl	Ag	Cu	Pb	Co	Ni	Mn	Zn	Mo
		检测限											
		-0.009	-1.061	-0.058	-0.013	-0.039	-0.169	-0.024	-0.029	-0.085	-0.197	-0.624	-0.019
3-190-3-1-1	Py1	0.549	746	34.5	1.93	18.2	110	469	633	481	93.3	10.9	12.7
3-190-3-1-2	Py1	0.256	649	21.8	1.63	12.9	105	1 085	402	322	131	13.1	17.3
3-190-4-2-1	Py1	0.268	814	3.80	19.4	16.5	82.4	210	565	459	403	47.4	12.9
3-190-5-3-1	Py1	1.09	5 682	135	81.3	40.7	406	1 014	766	3 656	10.9	34.0	42.6
3-190-1-6-1	Py2	0.183	278	17.3	0.468	8.83	257	91.7	164	802	6 895	167	23.2
3-190-1-9-1	Py2	0.065	356	3.91	0.306	5.54	65.6	86.6	598	472	115	234	32.5
3-190-4-4-1	Py2	0.027	1 243	19.2	3.29	2.04	36.5	82.6	307	284	1 100	56.0	10.4
3-190-6-2-1	Py2	0.075	1 210	24.0	1.33	2.24	30.2	159	196	462	738	73.3	5.77
3-190-1-3-1	Py3	0.096	814	13.0	1.06	3.64	101	104	210	354	3 300	123	19.1
3-190-1-5-1	Py3	0.033	739	8.72	0.196	2.88	37.5	150	205	168	352	31.2	26.8
3-190-4-1-1	Py3	0.120	591	10.9	0.592	3.02	40.8	116	231	221	33.4	151	16.6
3-190-6-1-1	Py3	0.055	674	19.0	0.927	4.34	116	307	372	456	19.7	46.0	38.6

续表

分析点编号	类型	Au	As	Sb	Tl	Ag	Cu	Pb	Co	Ni	Mn	Zn	Mo
		检测限											
		-0.009	-1.061	-0.058	-0.013	-0.039	-0.169	-0.024	-0.029	-0.085	-0.197	-0.624	-0.019
3-226-1-3-1	Py4	0.090	831	65.8	0.816	1.70	34.2	486	2.04	32.5	3.47	0	0
3-226-1-3-2	Py4	0.055	114	77.7	0.550	1.51	46.0	915	37.6	204	22.1	0.941	0
3-226-1-5-1	Py4	0.043	215	23.6	0.194	0.404	8.20	141	1.33	2.17	0	0	0
3-226-1-7-1	Py4	0.049	793	18.2	0.451	0.963	13.1	106	22.6	42.6	0.217	0.644	0
3-226-1-9-2	Py4	0.378	1 069	187	0.446	0.976	27.8	377	24.2	238	4.98	0.972	0
3-226-1-9-3	Py4	0.537	2 087	144	0.495	1.97	72.0	587	163	944	4.03	1.51	0
3-226-1-10-1	Py4	0.011	250	21.1	0.014	0.223	10.3	161	126	131	0.344	1.03	0
3-226-2-2-2	Py4	0.264	1 084	41.6	0.408	1.22	29.1	307	1.75	75.1	3.16	2.96	0
3-226-2-2-4	Py4	0.216	726	21.0	0.167	0.349	9.73	121	67.8	444	0.311	6.35	0
3-226-2-5-1	Py4	0.052	283	37.8	0.103	0.466	36.2	389	58.5	247	3.11	0.956	0
3-226-2-6-5	Py4	0.107	776	7.31	0.088	0.171	11.0	61.2	4.91	35.5	0.481	0	0
3-226-2-10-1	Py4	0.109	1 339	556	0.446	1.34	24.3	886	600	3 250	0	5.07	0.032
3-226-2-11-2	Py4	0.032	1 068	95.4	0.366	1.47	52.9	502	86.8	1 671	28.8	0.710	0

3-226-2-12-1	Py4	0.334	608	60.2	0.256	0.963	28.5	359	0.912	23.6	38.3	0	0
3-226-2-12-2	Py4	0.141	345	54.6	0.255	1.11	12.7	194	2.31	42.9	0.304	1.16	0.027
3-226-3-1-1	Py4	0.122	1 292	96.7	0.755	2.20	53.1	770	27.2	164	5.48	0	0
3-226-3-1-3	Py4	0.213	1 836	44.6	0.737	1.95	31.1	237	44.9	78.9	2.11	0	0
3-226-3-2-2	Py4	1.55	4 123	209	3.06	4.69	654	240	24.3	90.0	0	0	0
3-226-3-4-1	Py4	2.00	3 934	446	2.39	9.16	1 129	655	56.3	190	0	0	0
3-226-4-2	OPy	123	64 872	510	24.5	19.3	1 295	514	6.69	58.3	1.50	0	0.088
3-226-4-3	OPy	98.0	62 546	363	17.9	11.3	1 041	299	2.09	6.50	1.67	0	0.042
3-226-1-3-3	OPy	1.24	41 079	156	4.07	5.07	1 306	241	36.0	180	0	0.891	0.168
3-226-1-5-3	OPy	1.35	42 873	221	4.33	4.46	1 281	250	27.6	22.9	0.222	7.24	0
3-226-1-7-2	OPy	0.643	41 985	97.2	2.63	3.38	1 042	88.5	0	0	0	0.708	0
3-226-1-7-3	OPy	1.33	21 114	279	2.57	3.60	406	320	0.860	5.85	0	0.857	0
3-226-1-9-1	OPy	1.00	24 986	177	1.71	4.62	656	386	93.5	308	0.236	1.62	0
3-226-1-10-2	OPy	6.95	32 522	237	6.97	5.92	745	474	401	933	4.52	2.14	0
3-226-2-2-1	OPy	58.2	54 273	380	20.9	7.85	1 147	397	12.5	67.1	4.93	7.59	0.027
3-226-2-2-3	OPy	3.39	32 263	34.0	1.60	1.03	460	54.6	12.6	100	0.342	1.41	0
3-226-2-5-2	OPy	14.2	48 167	278	6.42	5.69	1 232	329	53.0	175	0	1.67	0
3-226-2-5-3	OPy	133	53 712	776	28.9	17.6	930	712	35.2	83.5	0.450	2.21	0

续表

分析点编号	类型	Au	As	Sb	Tl	Ag	Cu	Pb	Co	Ni	Mn	Zn	Mo
		检测限											
		-0.009	-1.061	-0.058	-0.013	-0.039	-0.169	-0.024	-0.029	-0.085	-0.197	-0.624	-0.019
3-226-2-5-4	OPy	1.05	34 025	368	1.40	5.20	1 028	513	30.0	176	0.255	0	0
3-226-2-6-1	OPy	71.2	56 254	493	28.3	14.4	1 082	417	6.97	62.9	0.408	1.78	0
3-226-2-6-2	OPy	1.36	50 077	258	4.85	6.45	1 875	304	1.66	19.4	0	2.43	0
3-226-2-6-3	OPy	195	48 692	408	27.5	10.5	483	320	4.38	4.12	2.59	2.94	0.148
3-226-2-6-4	OPy	59.0	41 709	150	8.65	4.45	734	128	0.304	0.498	0.269	2.24	0
3-226-2-8-1	OPy	63.8	58 395	457	32.9	15.8	1 035	319	5.46	36.6	0	29.2	0.676
3-226-2-11-1	OPy	176	57 321	849	47.7	24.7	116	669	2.25	9.07	1.67	4.25	0
3-226-3-1-2	OPy	11.1	64 633	468	5.71	5.69	1 056	505	0.790	8.69	1.53	0	0.024
3-226-3-2-1	OPy	361	73 028	928	56.0	30.2	256	522	0.015	0.043	2.38	0	0
3-226-3-2-3	OPy	156	71 573	783	40.6	23.0	655	515	7.20	58.3	0	0	0
3-226-3-4-2	OPy	123	64 872	510	24.5	19.3	1 295	514	6.69	58.3	0	0	0
3-226-3-4-3	OPy	98.0	62 546	363	17.9	11.3	1 041	299	2.09	6.50	0	0	0

注:“0”表示低于检测限。

缩写:Fe-Dol—铁白云石,Ilt—伊利石,Qz—石英,Cal—方解石,Ab—钠长石,Py1—第一类成矿前黄铁矿,Py2—第二类成矿前黄铁矿,Py3—第三类成矿前黄铁矿,Py4—第四类成矿前黄铁矿,OPy—成矿期黄铁矿。

6.4 小结

本节对烂泥沟金矿构造破碎带和围岩样品进行岩相学研究，矿物组成分析，黄铁矿组成及形态学研究，EMPA、TIMA、XRD及主微量元素测试分析，本章得出如下结论。

①烂泥沟金矿破碎带中黄铁矿主要为微细粒环带结构，且金主要赋存在含砷黄铁矿环带和毒砂中。

②黄铁矿可划分为五个类型，分别为成岩作用和同沉积作用形成的围岩中的黄铁矿 Py1、Py2 和 Py3，热液作用形成破碎带中的 Py4 和 OPy，其中 Py4 为黄铁矿核部，OPy 为载金黄铁矿环带。

③在围岩中主要矿物组成（体积分数）为石英（59.153%）、伊利石（11.310 3%）、方解石（13.153 3%）、钠长石（9.458 3%）、铁白云石（4.275 3%）和菱铁矿（1.093 3%），而在高品位的破碎带中主要组成（体积分数）为石英（79.361%）、伊利石（15.117%）、铁白云石（2.596%）和黄铁矿（1.275%）。

④去碳酸盐化、硫化及硅化是烂泥沟金矿重要的蚀变类型，矿化过程中 Au、As、Sb、Hg、Ag、S_2O_3、Mo 和 W 加入围岩中，CaO、MnO 和 NaO_2 等元素从围岩中带出；成矿前去碳酸盐化作用为金沉淀提供了有利环境，铁白云石和菱铁矿的溶解为成矿热液提供了 Fe。

第7章　成矿物质来源

在地质作用过程中会发生同位素的变化，引起同位素组成变化的因素主要有两类：一类是由各种化学和物理过程引起的同位素分馏，另一类是放射性同位素的衰变（Allègre，2008）。同位素组成变化通常可以用来指示成矿物质的来源和成矿作用过程（范宏瑞等，1994；郑永飞，2001；陈衍景等，2004）。

对黔西南卡林型金矿成矿物质来源研究的过程中，很多学者运用了多种方法来揭示成矿物质的组成和来源，包括石英 H—O 同位素、方解石 C—O 同位素、硫化物 S 同位素、矿石 Pb 等（苏文超，2002；夏勇，2005；刘建中等，2006；Su et al.，2009a；靳晓野，2017；颜军，2017）。卡林型金矿床的三种成因模式，包括岩浆流体（Cline et al.，2005；Ressel and Henry，2006；Muntean et al.，2011；Hou et al.，2016；Xie et al.，2018b）、变质流体（Groves et al.，1998；Hofstra and Cline，2000；Su et al.，2009a；Su et al.，2018；Li et al.，2020；Lin et al.，2021）和深循环大气水或盆地卤水（Ilchik and Barton，1997；Hu et al.，2002；Emsbo et al.，2003；Gu et al.，2012）。尽管前人开展了很多研究，但取样是否具有代表性，采用的技术手段及分析方法是否可靠等导致目前对成矿流体的来源仍存在争议。本书在前人研究的基础上，对烂泥沟金矿进行多种同位素研究，包括石英 H—O 同位素、方解石 C—O 同位素、硫化物微区 S 同位素、矿石 Pb 和 Hg 同位素组成等，结合区域成矿物质来源及地质特征，对烂泥沟金矿成矿流体和成矿物质来源进行综合约束。

7.1 石英 H—O 同位素

氢和氧是地球中分布最广的元素,亦是岩石、矿物的重要组成物质。石英作为一种从成矿流体中直接沉淀形成的重要含氧脉石矿物,其同位素特征可以直接提供成矿流体中水的来源(Lubben et al.,2012)。H_2O 是构成成矿流体的重要组成部分,不同来源的 H_2O 常由不同的氢氧同位素组成。氢同位素和氧同位素的结合,是探讨成矿流体地质过程的重要手段,因此,可以利用氢氧同位素示踪成矿流体来源(张理刚和王炳成,1994;毛景文等,2006)。为了直观地展示并探讨成矿流体来源,可以将其氢氧同位素投到氢氧同位素图解中。氢氧同位素图解由一条雨水线、变质水范围及岩浆水范围框组成,雨水线为大气水的氢和氧同位素的变化构成的一条线性关系,即 $\delta D‰=8\delta^{18}O‰+10$(Epstein et al.,1965;Epstein et al.,1970;Taylor,1979)。正常岩浆水的氢同位素组成为-8%~-4%,氧同位素组成为0.55%~0.90%(Taylor,1974;郑永飞和陈江峰,2000),典型的地幔流体的氢同位素组成为-9%~-4.5%,氧同位素组成为0.6%~1%(刘丛强等,2001)。通过计算变质作用范围内与变质矿物平衡水的氢和氧同位素组成,就可以获得变质水的方框,其氧同位素组成为0.3%~2.5%,氢同位素组成为-0.2%~-6.5%(Sheppard and Epstein,1970;Taylor,1974;Sheppard,1981)。

本书选择与金矿化关系密切的石英为对象,测试分析了石英中流体包裹体氢同位素及氧同位素组成,分析结果如表7-1所示。烂泥沟金矿热液石英脉的 $\delta D_{V\text{-}SMOW}$ 为-7.9%~-6.74%,平均值为-7.375%,代表了成矿流体氢同位素组成。石英中流体包裹体的氧同位素组成 $\delta^{18}O_{H_2O}$ 为0.31%~1.26%,平均值为0.805%。

表 7-1　烂泥沟金矿床成矿流体 H—O 同位素组成结果表

采样位置	样品编号	矿物	δD_{H_2O}/‰	$\delta^{18}O$/‰
矿体	0055-580	石英	−71.4	12.6
	0019-313	石英	−73.8	11.8
	0010-270	石英	−76.7	4
	0014-311	石英	−76.4	11.8
	0005-502	石英	−76.3	11.9
	0065-460	石英	−74.1	11.7
	0021-411	石英	−71.1	3.1
	0020-436	石英	−73	6.8
	0181-205	石英	−67.4	4
	0003-250	石英	−72.1	4.7
	0012-327	石英	−79	6.2

为了探讨烂泥沟金矿成矿热液流体的来源属性，将测试分析结果投点到 H—O 同位素图解中，如图 7-1 所示，初步获得了烂泥沟金矿 H—O 同位素组成变化趋势。将区域内类似成矿特征的金矿床，如丫他、泥堡、水银洞、紫木凼、老寨湾等 H—O 同位素补充投图进行综合分析，旨在更全面地反映矿区成矿流体 H—O 同位素的组成变化。烂泥沟金矿 H—O 同位素投点分布在岩浆水及变质水下方，具有从原生岩浆水向天水演化的趋势，并反映了天水的混染。区域上类似矿床 H—O 同位素也具有类似特征，例如，水银洞和泥堡金矿床 H—O 同位素也主要体现了深部岩浆水来源特征（谭亲平，2015；郑禄林，2017），并有盆地流体和大气水的加入。烂泥沟金矿 H—O 同位素混染特征，其可能的解释为成矿流体来源于深部岩浆水，在沿深部构造上升运移过程中，混入变质水和大气降水。

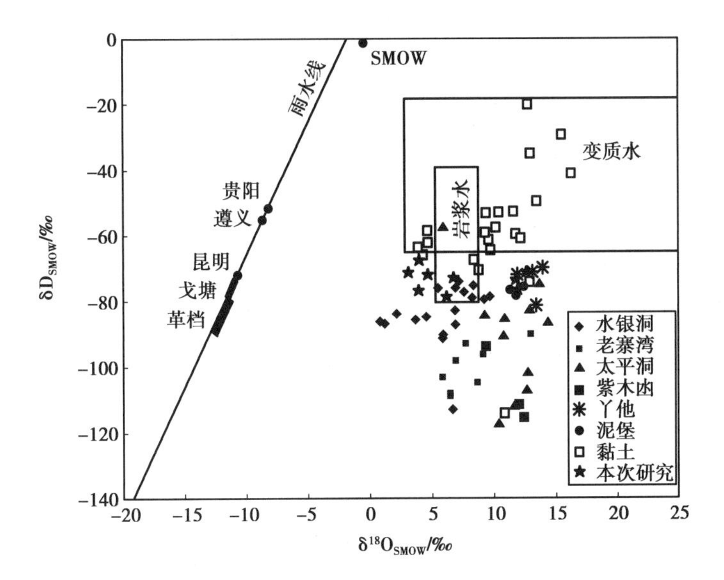

图7-1　烂泥沟金矿床成矿流体 δD_{H_2O}-$\delta^{18}O_{H_2O}$ 图解

雨水线据 Epstein et al.(1965,1970);岩浆水范围据 Taylor(1974);

变质水范围据 Taylor(1974)及 Sheppard(1981),水/岩交换曲线据(Hofstra et al.,2005)。

区域数据引自(Hu et al.,2002;Hofstra et al.,2005;王泽鹏等,2013;Tan et al.,2015)。

7.2　方解石 C—O 同位素

在卡林型金矿成矿作用过程中会形成大量的方解石脉,这些方解石脉中的碳、氧同位素组成能有效指示成矿流体的来源和演化。碳酸岩、金伯利岩和金刚石的碳同位素研究所确定的地幔碳的碳同位素范围为-0.3% ~ -0.8%,通常以其平均值代表地幔碳同位素组成(Rollinson,1993)。洋中脊玄武岩的碳同位素组成平均值为-0.66%(Exley et al.,1986)。海相碳酸盐岩的碳同位素值变化范围较狭窄,为-0.1% ~ +0.2%(Rollinson,1993)。生物成因(有机)碳的同位素组成以明显的负值为特征,为-2% ~ -3%(Schidlowski,1987)。

右江盆地内方解石成因具有多期次特征(Zhang et al.,2010;Wang et al.,

2013;谭亲平,2015),成矿后期方解石 $\delta^{13}C$ 往往为正值,成矿期 $\delta^{13}C$ 主要为负值,范围为-0.3% ~ -0.9%,与幔源碳同位素值(-0.3% ~ -0.8%)接近(Rollinson,1993),显示了成矿期碳同位素幔源特征。本书选取烂泥沟金矿井下不同标高方解石样品 30 件进行测试分析,分析结果如表 7-2 及如图 7-2 所示。烂泥沟金矿热液方解石的 C—O 同位素组成显示,矿石中热液方解石的 $\delta^{13}C_{(PDB)}$ 为-0.54% ~ 0.1%,平均值为-0.285%,$\delta^{18}O_{V\text{-}SMOW}$ 为 0.94% ~ 2.44%,平均值为 1.996%。将 C—O 同位素投点到 C—O 同位素图解中(图 7-2)可以看出,部分方解石的 $\delta^{13}C_{(PDB)}$ 值落在花岗岩范围内,但本区无花岗岩出露,推测来自盆地深部隐伏花岗岩。此外,投点具有逐渐向海相碳酸盐岩靠近的趋势,反映了碳酸盐岩中 C 的混合,结合本区地质特征,认为地层中的 C 很可能来自二叠系及更早期的灰岩。综上,我们认为岩浆来源的含矿热液在向上运移过程中混入了灰岩中的 C。

表 7-2　烂泥沟金矿床碳氧同位素测试结果表

样品编号	$\delta13C_{V\text{-}PDB}$/‰	$\delta^{18}O_{v\text{-}SMOW}$/‰	样品编号	$\delta13C_{V\text{-}PDB}$/‰	$\delta^{18}O_{v\text{-}SMOW}$/‰
0157-416	-3.7	23.40	0063-466	-3.3	19.8
0190-247	-2.4	23.60	0162-418	-4.9	22.5
0188-242	-4	23.00	0065-433	-4.1	22.9
0083-212	-3	17.10	0040-216	-5.4	23.8
0003-250	-4.1	24.40	0014-315	-2.9	20.7
0060-391	-0.5	14.80	0005-453	-3.1	23
0162A-445	-4.2	23.40	0097-41	-2.4	15.3
0080-208	-0.3	16.00	0091-505	-3.4	23.3
0168-455	-3.1	24.20	0102-66	-4.1	23
0127-439	-2	17.60	0101-57	-2.1	23.4
0163A-624	-2.2	22.60	0019-313	-4	23.2

续表

样品编号	$\delta13C_{V\text{-}PDB}$/‰	$\delta^{18}O_{v\text{-}SMOW}$/‰	样品编号	$\delta13C_{V\text{-}PDB}$/‰	$\delta^{18}O_{v\text{-}SMOW}$/‰
0021-413	−2.8	19.8	0055-580	1	16.6
0117-251	−1.1	11.9	0016-80	−1.8	10.2
0181-204	−3.4	24	0118-553	−2.3	9.4
0020-436	−3.7	23	0122-414	−2.3	13

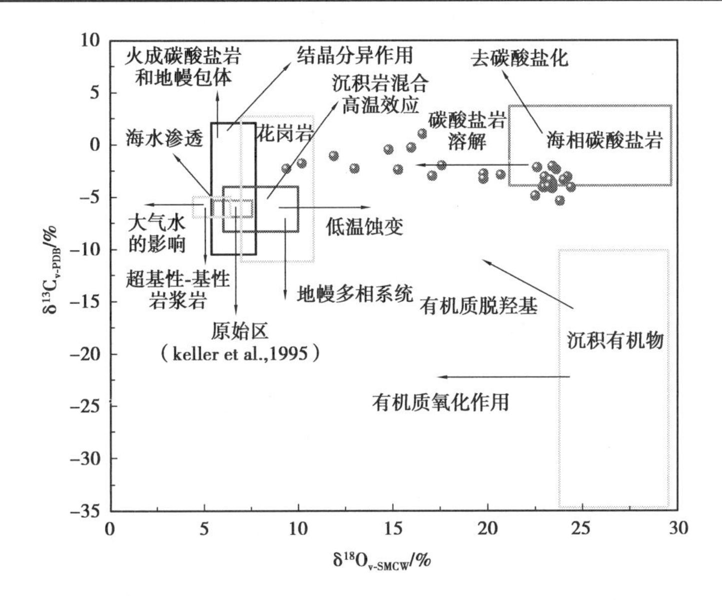

图7-2　烂泥沟金矿床方解石C—O同位素图解

区域数据引自Zhang et al.,2003;王泽鹏等,2013;Tan et al.,2015;郑禄林,2017。

7.3　硫化物S同位素

卡林型金矿床发育结构类型多样的黄铁矿，金主要赋存于黄铁矿环带中(Cline et al.,2005;陈懋弘,2007;郑禄林,2017;Xie et al.,2018b)，硫被认为是金运移的主要载体(Cline et al.,2005)，因此，可利用硫同位素组成示踪金的来源。热液矿床中硫的来源主要有三种：①幔源硫，硫来自地幔或深部地壳，

$\delta^{34}S_{\Sigma S}\approx0\pm0.3‰$；②海水硫，硫来自大洋水和海水蒸发盐，$\delta^{34}S_{\Sigma S}\approx+2‰$；③还原硫，硫主要来自开放沉积条件下的细菌还原成因，矿物中的硫同位素组成受流体同位素组成、温度、氧逸度、pH值和离子强度等的影响，$\delta^{34}S_{\Sigma S}$为较大的负值。

由于载金黄铁矿普遍发育成环带状结构，内核黄铁矿通常为沉积成因或遭受热液活动的早期黄铁矿（陈懋弘等，2009；夏勇等，2009；王成辉等，2010；Su et al.，2012；Liang et al.，2014；刘建中等，2017），因此，通过传统方法挑选单矿物获取的硫同位素不能直接示踪成矿流体来源。近年来，随着微区分析技术的发展和成熟，更多学者利用LA-MC-ICP-MS、SIMS、SHRIMP分析技术研究黄铁矿硫同位素组成特征，原位微区分析方法能直接获取黄铁矿核部和环带等不同位置的硫同位素组成（Kesler et al.，2005；Hou et al.，2016；韩波等，2016；谢卓君，2016a；Yan et al.，2020）。基于此，本书利用LA-MC-ICP-MS对烂泥沟金矿床载金环带状黄铁矿核部和环带进行微区硫同位素组成测试。

本次分析在南京聚谱检测科技有限公司完成。测试方法和步骤为：首先对薄片进行显微镜、扫描电镜及电子探针观察和分析，确定黄铁矿类型、标型特征及形成期次，确定激光剥蚀测试点对象及位置，然后利用LA-MC-ICP-MS进行测试。本次测试对象主要为含金的环带状黄铁矿，测试位置为黄铁矿环带及核部（图7-4、图6-8）。黄铁矿微区硫同位素测试的激光剥蚀直径为40～60 μm，分析相对误差小于0.5‰，具体分析过程详见Pribil et al.（2015）。

黄铁矿原位硫同位素组成和辉锑矿、雄黄和辰砂单矿物硫同位素组成如表7-3和如图7-4所示。黄铁矿Py1、Py2和Py3中的$\delta^{34}S$变化较大，其值为-0.51‰～3.54‰，平均值为1.54‰。其中，Py1中的$\delta^{34}S$值为0.86‰和0.92‰，Py2中的$\delta^{34}S$值为3.25‰和3.54‰，Py3中的$\delta^{34}S$值为1.18‰和-0.51‰。然而在Py4和OPy中的硫同位素值范围则偏窄，Py4中的$\delta^{34}S$值为0.76‰～1.33‰，平均值为0.91‰，OPy中的$\delta^{34}S$值为0.94‰～1.41‰，平均值为1.22‰。另外，辉锑矿、雄黄和辰砂是矿体中与方解石和石英脉中共存的主要成矿晚期硫化物（图7-4），其同位素$\delta^{34}S$值为1.00‰～1.27‰，平均值为1.16‰，与OPy中的S同位素范围相似。

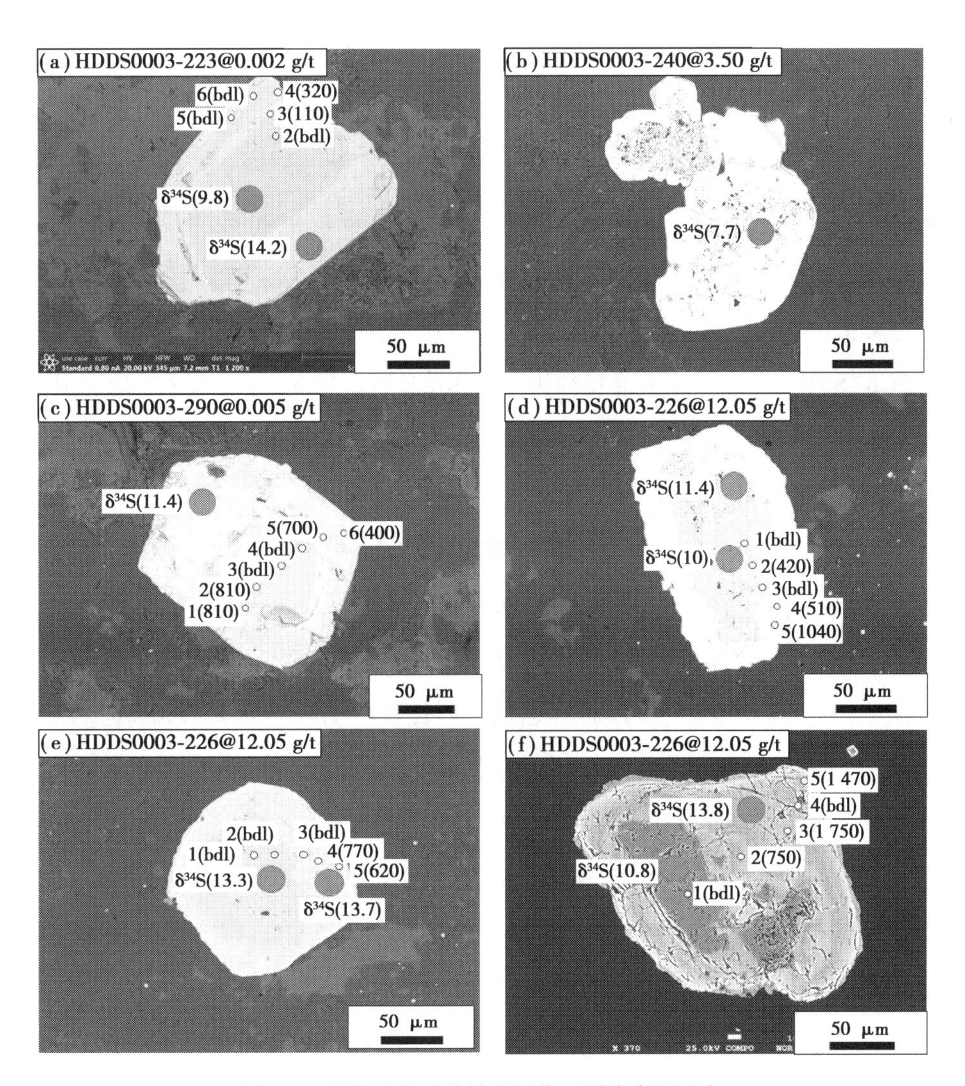

图 7-3　烂泥沟金矿黄铁矿原位 S 同位素测试点

每组图上方标注为钻孔编号+取样深度+全岩金品位。黄色实点为 EMPA 测试点，标注为点号及金含量($\times10^{-6}$)；红色实点为 LA-MC-ICP-MS 测试点，标注为硫同位素组成值(‰)。(a)为围岩中成矿前黄铁矿硫同位素测试位置及结果，核部和环带均为正值，环带硫同位素值高于核部；(b)为中等品位矿石中成矿期黄铁矿硫同位素测试位置及结果，核部硫同位素为正值；(c)为围岩中成矿前黄铁矿硫同位素测试位置及结果，核部和环带均为正值，环带硫同位素值高于核部；(d)—(f)为高品位矿石中成矿期黄铁矿硫同位素测试位置及结果，核部和环带均为正值，且环带硫同位素值均高于核部。

在卡林型金矿成矿环境下(低温、低 fO_2、酸性至中性)(Zhang et al.,2003;Su et al.,2009a;Wang et al.,2013;Peng et al.,2014;Su et al.,2018),黄铁矿与热液的S同位素分馏小于2‰(Ohmoto,1972)。因此,流体的 $\delta^{34}S$ 值与硫化物矿物的 $\delta^{34}S$ 值大致相等(Ohmoto,1972;Ohmoto and Goldhaber,1997)。烂泥沟金矿床的Py4(0.76%~1.33%)和OPy(0.94%~1.41%)中的 $\delta^{34}S$ 值较窄,显示了类似的S同位素组成。此外,如图7-4所示,矿石中黄铁矿核部和环带硫同位素 $\delta^{34}S$ 在单个金矿床的值具有相似性和可比性。因此,烂泥沟金矿床的成矿前流体和成矿期流体,以及中国西南地区的其他金矿床,成矿流体极有可能为同一来源。

如图7-10所示,通过统计已发表的原位硫同位素值发现,中国西南地区金矿床黄铁矿硫同位素主要有两组值,大多数 $\delta^{34}S$ 值主要为-0.5%~0.5%,部分为0.5%~1.5%。成矿流体 $\delta^{34}S$ 值为0±0.5%的原始流体与 $\delta^{34}S$ 值较高的局部流体(>1.8%)的混合可以解释这些S同位素特征(Xie et al.,2018b),同样地,Yan等人(2018)对烂泥沟金矿黄铁矿进行的NanoSIMS分析也提供了两组 $\delta^{34}S$ 值,核部 $\delta^{34}S$ 值为0.11%~0.79%(大部分数据<0.5%),环带 $\delta^{34}S$ 值为0.49%~1.81%(图7-4)。黄铁矿核部可能是由初始成矿流体S同位素特征为0±0.5%的成矿流体形成的,黄铁矿环带可能是由 $\delta^{34}S$ 值较高的成矿流体与局部地壳流体混合形成的,可能是盆地卤水($\delta^{34}S$>1.8%)(Yan et al.,2018)。由于束斑尺寸较大,LA-MC-ICP-MS分析得到了这两个端元值之间的 $\delta^{34}S$ 值。总体上看,成矿期热液 $\delta^{34}S$ 值极有可能为0±0.5%,其成因可能为岩浆或深部变质流体。

尽管右江盆地火成岩稀少,但仅有少量碱性超镁铁质岩脉(85~88 Ma)(Liu et al.,2010)和石英斑岩岩脉(95.5~97 Ma)(Chen et al.,2014),对石英斑岩岩脉中继承的锆石进行LA-ICP-MS和SIMS U-Pb定年,显示其年龄群为130~140 Ma和约242 Ma(Zhu et al.,2016)。这些数据表明,中国西南地区存在多期岩浆活动,对卡林型金矿的形成具有重要贡献。右江盆地泥盆系-三叠系厚层被动边缘层序(6～12 km)及其后续的弱伸展可能会阻止侵入体或岩脉出露地表(Xie et al. ,2018)。

综上所述,烂泥沟金矿床硫主要来自深部岩浆。深源岩浆流体在上升过程中与围岩进行同位素交换,从而造成硫同位素组成具有较大的组成范围,但总体表现为硫来源于深部岩浆的特征。

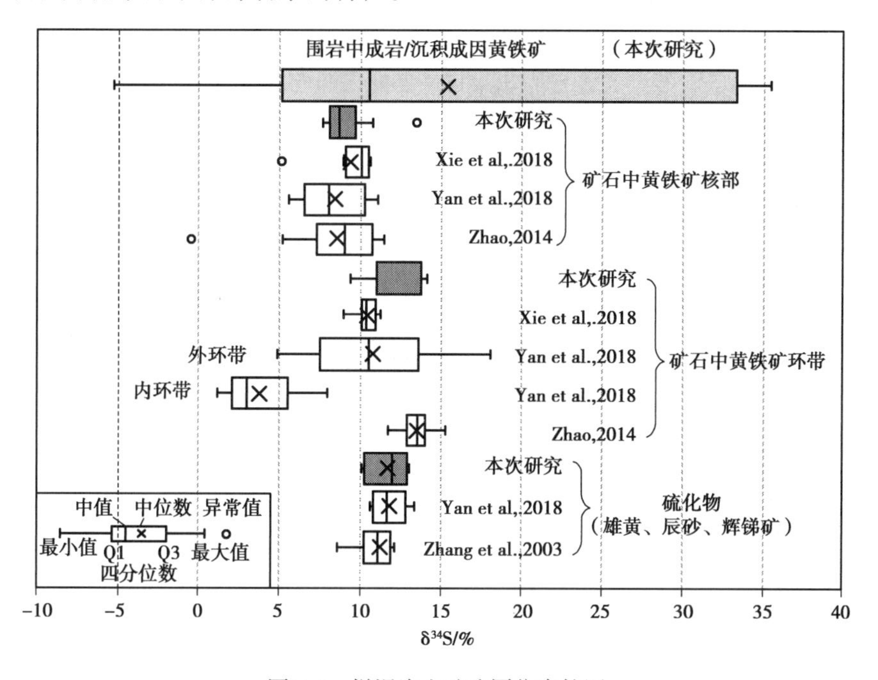

图7-4　烂泥沟金矿硫同位素箱图

黄铁矿分析采用原位测试技术,包括SHRIMP、LA-MC-ICP-MS和NanoSIMS,成矿晚期硫化矿物分析采用单颗粒分析,数据来源于Xie等人(2018b),Yan等人(2018),Zhao(2014)和本书。

表 7-3　烂泥沟金矿硫同位素组成

分析点编号	矿物	类型	$\delta^{34}S$/‰	1SE	分析点编号	矿物	类型	$\delta^{34}S$/‰	1SE
3-190-3-1-1	黄铁矿	Py1	8.6	0.2	3-226-3-1-2	黄铁矿	OPy	11.4	0.2
3-190-3-1-2	黄铁矿	Py1	9.2	0.2	3-226-3-2-2	黄铁矿	OPy	13.7	0.2
3-190-1-2-1	黄铁矿	Py2	35.4	0.9	3-226-3-4-2	黄铁矿	OPy	13.8	0.3
3-190-6-3-1	黄铁矿	Py2	32.5	0.3	3-226-1-3-3	黄铁矿	OPy	9.4	0.2
3-190-1-1-1	黄铁矿	Py3	11.8	0.4	3-226-1-3-4	黄铁矿	OPy	11.3	0.2
3-190-5-1-1	黄铁矿	Py3	-5.1	0.8	3-226-1-5-2	黄铁矿	OPy	10.6	0.3
3-226-3-1-1	黄铁矿	Py4	10	0.2	3-226-1-5-3	黄铁矿	OPy	12.9	0.2
3-226-3-2-1	黄铁矿	Py4	13.3	0.2	3-226-1-7-2	黄铁矿	OPy	13.5	0.2
3-226-3-4-1	黄铁矿	Py4	10.8	0.2	3-226-1-7-3	黄铁矿	OPy	11.8	0.3
3-226-1-3-1	黄铁矿	Py4	8.3	0.2	3-226-1-9-1	黄铁矿	OPy	13.9	0.3
3-226-1-3-2	黄铁矿	Py4	9	0.2	3-226-2-2-1	黄铁矿	OPy	13.6	0.2
3-226-1-5-1	黄铁矿	Py4	8.1	0.2	3-226-2-2-3	黄铁矿	OPy	12.9	0.2
3-226-1-7-1	黄铁矿	Py4	9.6	0.2	3-226-2-6-1	黄铁矿	OPy	14.1	0.2
3-226-1-9-2	黄铁矿	Py4	9.7	0.2	3-226-2-6-2	黄铁矿	OPy	10.9	0.2
3-226-1-9-3	黄铁矿	Py4	8	0.2	3-226-2-6-3	黄铁矿	OPy	13.7	0.2

3-226-1-10-1	黄铁矿	Py4	8.7	0.2	3-226-2-8-1	黄铁矿	OPy	13.9	0.2
3-226-2-2-2	黄铁矿	Py4	10.2	0.2	3-226-2-11-2	黄铁矿	OPy	9.6	0.2
3-226-2-2-4	黄铁矿	Py4	7.8	0.2	LNG-XH-2	雄黄	Ore	12.2	0.2
3-226-2-5-1	黄铁矿	Py4	8.3	0.2	LNG-XH-3	雄黄	Ore	12.7	0.2
3-226-2-6-4	黄铁矿	Py4	8.7	0.2	LNG-HTK-4	辉铁矿	Ore	10	0.2
3-226-2-10-1	黄铁矿	Py4	8.3	0.2	LNG-CS-4	辰砂	Ore	11.6	0.2
3-226-2-11-1	黄铁矿	Py4	8.6	0.2	LNG-XH-1	雄黄	Ore	12.6	0.2
3-226-2-12-1	黄铁矿	Py4	7.6	0.2	LNG-HTK-1	辉锑矿	Ore	10.3	0.2
3-226-2-12-2	黄铁矿	Py4	7.9	0.2					

缩写：Fe-Dol—铁白云石，Ilt—伊利石，Qz—石英，Cal—方解石，Ab—钠长石，Py1—第一类成矿前黄铁矿，Py2—第二类成矿前黄铁矿，Py3—第三类成矿前黄铁矿，Py4—第四类成矿前黄铁矿，OPy—成矿期黄铁矿。

7.4 矿石 Pb 同位素

本书共测试了 11 件样品的铅同位素组成,包括矿区外围无矿化全岩样品七件,矿石裂隙充填的硫化物样品四件。分析测试在中国科学院地球化学研究所完成,仪器为美国热电公司(Thermo Fisher Scientific)Neptune plus 型多接收-电感耦合等离子体质谱(MC-ICP-MS),测试结果如表 7-4 所示。

表 7-4 烂泥沟金矿硫化物及围岩岩石 Pb 同位素组成

样号	产状	岩石/矿物	$^{206}Pb/^{204}Pb$	$^{207}Pb/^{204}Pb$	$^{208}Pb/^{204}Pb$	$\Delta\beta$	$\Delta\gamma$
ZK001-4	矿区外围无矿化岩石	许满组四段	19.685	15.743	39.855	26.942	63.652
ZK001-9		许满组三段	19.034	15.707	39.249	24.571	47.475
ZK001-24		茅口组	24.223	15.976	38.847	42.129	36.752
ZK01-1-1		许满组	19.011	15.747	39.414	27.217	51.878
ZK01-1-29		栖霞组	19.025	15.749	39.259	27.333	47.750
ZK0J0-1-1		许满组四段	19.091	15.709	39.380	24.704	50.976
ZK0J0-1-12		许满组三段	19.042	15.737	39.261	26.579	47.790
JF-1.1	富矿体裂隙中充填的硫化物	雄黄	18.533	15.681	38.763	22.904	34.509
JF-1.4		雌黄	18.560	15.707	38.884	24.607	37.727
JF-1b		辰砂	18.558	15.724	38.905	25.695	38.301
JF-2.1		辉锑矿	18.594	15.713	38.910	25.004	38.444

放射性铅同位素组成主要有两种用途,一是用来确定岩石或矿物的年龄;二是用于岩石成因研究,识别地质过程和示踪物质来源。铅同位素在浸取、转移和沉淀过程中,因物理化学条件变化而引起铅同位素组成的变化通常可忽略不计,因此,铅同位素广泛应用于金属矿床成矿物质来源示踪(Doe and Zartman,1979;Zartman and Haines,1988)创建了铅构造模式,并描述了上地壳、

下地壳、地幔和造山带四种铅同位素储库的演化曲线。本书将$^{206}Pb/^{204}Pb$和$^{207}Pb/^{204}Pb$的比值分别做X和Y轴绘制铅大地构造模式图(图7-5),根据投点的分布特征及其与不同储库铅演化曲线的关系判断成矿物质来源。

从图7-5可以看出烂泥沟无矿围岩和矿石中的硫化物$^{206}Pb/^{204}Pb$和$^{207}Pb/^{204}Pb$的比值差异明显,围岩中具有较高的$^{206}Pb/^{204}Pb$和$^{207}Pb/^{204}Pb$的比值,而硫化物中相对较低。这两种样品虽然数据差异较大,但都位于上地壳的演化曲线上面,无地幔组分的加入。无矿围岩主要是二叠系和三叠系,与烂泥沟金矿赋矿围岩一致,代表了背景Pb同位素组成。硫化物(红色圆点)的$^{206}Pb/^{204}Pb$和$^{207}Pb/^{204}Pb$的比值变化范围较小,Pb同位素组成高度均一,暗示了单一的Pb来源。这些单矿物都是在高品位矿石中采集的,与金成矿作用关系密切,是成矿流体在晚期的沉淀产物,代表了成矿流体的Pb同位素组成。另外,滇黔桂地区同类型金矿矿石的Pb同位素组成(黑色点)与本书一致(王泽鹏等,2013;谭亲平,2015;李院强等,2016;谢卓君,2016a;曾煜轩,2020;蔡应雄等,2021;李俊海等,2021;肖景丹等,2021),大部分位于造山带和上地壳的演化曲线上。但是前人的研究大部分是全岩的Pb同位素组成,是地层与成矿流体的混合信号,因此,投点比较分散。

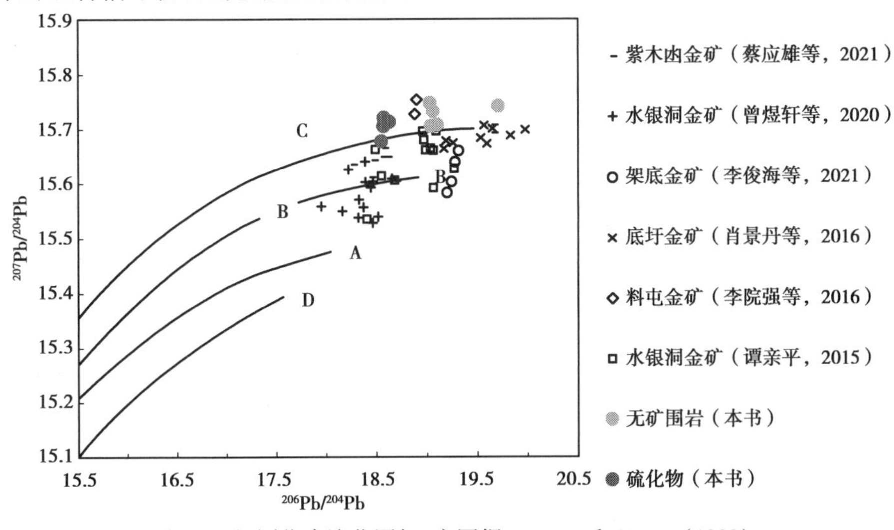

图7-5 铅同位素演化图解,底图据Zartman和Haines(1988)

A—地幔;B—造山带;C—上地壳;D—下地壳

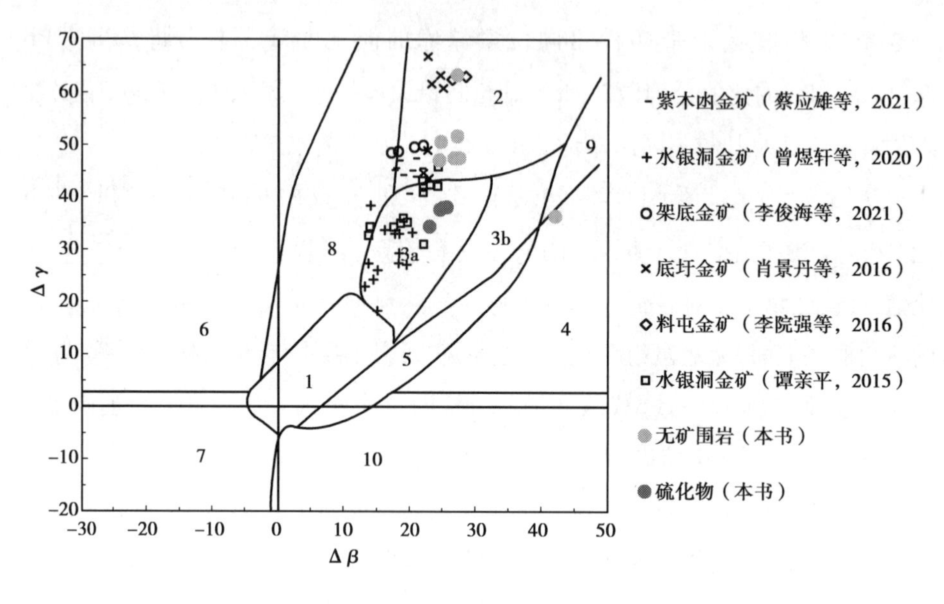

图 7-6　$\Delta\gamma$-$\Delta\beta$ 成因分类图解，底图据朱炳泉(1998)

1—地幔源铅;2—上地壳铅;3—上地壳与地幔混合的俯冲带铅(3a—岩浆作用;3b—沉积作用);

4—化学沉积型铅;5—海底热水作用铅;6—中深变质作用铅;7—深变质下地壳铅;

8—造山带铅;9—古老页岩上地壳铅;10—退变质铅

尽管铅同位素的构造模式图解描述了铅同位素的演化规律,但也存在一定的局限性。铅构造模式图解只给出了演化曲线,而没有确定各种来源铅同位素组成的变化范围。朱炳泉(1998)认为,$^{206}Pb/^{204}Pb$ 对成矿时代有灵敏反应,但最能反映源区变化的是$^{207}Pb/^{204}Pb$ 和$^{208}Pb/^{204}Pb$ 的变化,因此,以 Pb 同位素与同时代地幔的相对偏差作 $\Delta\gamma$-$\Delta\beta$ 成因分类图解研究铅的来源。本书的 $\Delta\beta$ 和 $\Delta\gamma$ 由 Geokit 软件根据以下公式计算而来:$\Delta\beta=[\beta/\beta M(t)-1]\times1\ 000$;$\Delta\gamma=[\gamma/\gamma M(t)-1]\times1\ 000$;$\beta$ 为样品中的$^{207}Pb/^{204}Pb$ 测定值,γ 为样品中的$^{208}Pb/^{204}Pb$ 测定值,$\beta M(t)$、$\gamma M(t)$为 t 时地幔的铅同位素组成值。本书分别将 $\Delta\beta$ 和 $\Delta\gamma$ 作为 X 轴和 Y 轴绘制成因分类图解(图 7-6)。

在成因分类图解中,烂泥沟金矿围岩的 Pb 同位素组成主要落于上地壳铅区域(2),其中一个点位于 4(化学沉积型铅)区域,靠近古老页岩上地壳铅,显示围岩样品主要是指示的是上地壳的 Pb,与沉积作用有关。图 7-6 中硫化物样品的 Pb 同位素组成集中位于上地壳与地幔混合的俯冲带铅中的岩浆作用的范围(3a)，显示与俯冲带岩浆作用有关的成矿流体是烂泥沟金矿的主要流体来源。前人对滇黔桂地区同类型金矿矿石 Pb 研究（王泽鹏等，2013；李院强等，2016；谢卓君，2016a；曾煜轩，2020；蔡应雄等，2021；李俊海等，2021；肖景丹等，2021），也发现大部分样品都位于 2 和 3a 的范围，代表了岩浆作用与上地壳岩石的混合来源。本书挑选的矿石中的硫化物单矿物，避开了地层背景 Pb 同位素信号的干扰，更加准确地揭示了成矿流体的来源。

7.6 小结

通过对碳、氢、氧、硫、铅同位素组成研究，主要得出如下认识。

①石英 H—O 同位素分析发现，矿石中热液石英的 $\delta D_{V\text{-}SMOW}$ 为-7.9‰～-6.74‰，平均值为-7.375‰，石英中流体包裹体的氧同位素组成为 $\delta^{18}O_{H2O}$ 0.31‰～1.26‰，平均值为 0.805‰，H—O 同位素分析认为，烂泥沟金矿成矿流体可能来源于深部岩浆，在沿深部构造上升运移过程中，混入了变质水和大气降水。

②方解石的 $\delta^{13}C_{(PDB)}$ 为-0.54‰～0.1‰，平均值为-0.285‰，$\delta^{18}O_{V\text{-}SMOW}$ 为 0.94‰～2.44‰，平均值为 1.996‰。C—O 同位素分析认为成矿流体可能来源于深部岩浆，在成矿流体沿深大断裂上升运移过程中与围岩进行了同位素交换，显示出成矿流体混染特征。

③黄铁矿微量元素分析表明，成矿前黄铁矿 Py4 的微量元素组成与成矿期黄铁矿 OPy 基本一致，说明 Py4 的形成与 OPy 具有同源性。

④黄铁矿微区硫同位素显示，黄铁矿 Py1、Py2 和 Py3 中的 δ34S 变化较大，其值为-0.51‰～3.54‰，平均值为 1.54‰；在 Py4 和 OPy 中的 S 同位素值范围则偏窄，Py4 中的 $\delta^{34}S$ 值其值为 0.76‰～1.33‰，平均值为 0.91‰，OPy 中的 $\delta^{34}S$ 值为 0.94‰～1.41‰，平均值为 1.22‰。Py4 和 OPy 硫同位素组成显示，

可能为深部岩浆沿深大断裂上升运移过程中,混入了盆地流体,当运移至浅部过程中,成矿流体与围岩发生水岩反应,从而造成硫同位素组成较大的组成范围,但总体揭示了成矿流体来源于深部岩浆的特征。

⑤矿体铅同位素研究表明,硫化物样品的 Pb 同位素组成集中位于上地壳与地幔混合的俯冲带铅中的岩浆作用的范围(3a),显示与俯冲带岩浆作用有关的成矿流体是烂泥沟金矿的主要流体来源。

第8章　构造控矿机制及成矿模式

8.1　构造控矿机制

8.1.1　导矿构造

烂泥沟金矿属于典型的断控型金矿，是右江盆地内最大的断控型金矿床，达到超大型规模，其成矿物质来源于深部岩浆(Hou et al.,2016;Xie et al.,2018b)。如此大规模的金矿床的形成，除足够的成矿物质来源及有利的就位空间外，必然有一个通道将成矿流体导入容矿空间并富集沉淀成矿。

烂泥沟金矿位于右江盆地北东部赖子山背斜北东向鼻翼凸起处。根据地震剖面和广域电磁法物探解译结果，在矿床西部发现隐伏深大断裂巧洛断裂，该断层切穿基底，上部延伸至边界断层F1及F2底部，地震剖面显示未切穿F3断层。因此，推断巧洛断层为深源一级导矿构造，即成矿流体首先沿巧洛断裂带向上运移，到达浅部后进入与巧洛断裂连通的各个分支断层，在有利位置沉淀富集成矿，赖子山背斜周缘形成的矿床(点)便是有利证据。而在烂泥沟金矿，成矿流体并非直接运移到F3主控矿构造成矿，而是先进入陡立的F2断层带，然后沿F2与F3断层交汇处沉淀富集成矿，并向周边有利空间扩散运移。在F1断层地表发现多处矿化点，证明F1与巧洛断层连通，但没有形成大矿，与有利的容矿构造密切相关。

从矿区流体包裹体热晕场空间分布特征可以看出,成矿流体温度为 170 ~ 260 ℃,平均温度为 228 ℃。在 F2 断层附近形成高温区,整体温度均高于 F3 断层,向断层交汇周边温度逐渐降低。此外,在 F2 和 F3 断层交汇处形成厚大富矿体,品位最高,从构造空间位置来看,F2 断层为矿床近中心位置,由此可以看出,F2 和 F3 断层交汇处为成矿中心,F2 断层为二级导矿构造,同时也为容矿构造。

8.1.2 容矿构造

烂泥沟金矿矿体全部赋存于断层构造带中,构造对其成矿过程起着十分重要的作用,与滇黔桂“金三角”其他断控型金矿床类似,除导矿构造重要外,有利的容矿构造也是成矿的关键。成矿作用对地层没有选择性,但有利岩性组合对金富集有重要影响。

对烂泥沟金矿来说,深大断裂巧洛断裂为一级导矿通道,F1 和 F2 断层为二级导矿通道,有利容矿构造是成矿的关键,其主要控矿作用包括以下三个方面。

①有利的容矿构造和岩性组合:作为烂泥沟金矿最主要的控矿断层 F3,主要表现为逆冲挤压性质。在碰撞造山挤压期间发生右旋-正滑运动,使得 F3 与 F2 结合部位张拉形成良好的张性空间,从 F3 和 F2 断层交汇处向南,F3 破碎带逐渐变小变窄直至尖灭。良好的减压扩容空间使得成矿流体易于流动,从而在断层交汇处形成厚大富矿体,除 F2 和 F3 以外,其他次生构造与主矿体交汇处同样形成品位较高的矿体,说明有利的构造容矿空间对成矿的作用巨大。

金的富集不仅与容矿空间关系密切,与构造带中岩体破碎程度也有较大关系。通过对 RQD(岩体质量指标)与金品位进行大数据统计分析发现,岩石破裂程度与金富集关系密切,当 RQD 值为 5% ~30% 时,金品位最高,RQD 值在 18% 时达到最高,然后随着 RQD 值的增高品位降低。说明当成矿流体进入构造破碎带后,在其发生水-岩反应时,岩体的破裂程度起到明显的作用,即有利的岩性组合有利于金的卸载、沉淀、富集。

②配套断裂构造切割主构造形成矿体主要就位空间:烂泥沟金矿在空间形态上具有断层交汇处膨大的特征,如北东向断层F2切割F3断层,在其交汇处形成厚达40~60 m的富矿体。从剖面图和平面图解译中可以明显看出,在次生断层切割主矿体交汇处,其矿体厚度增大、品位增高。该现象不仅在磺厂沟存在,在冗半矿段(F6断层控制)也具有类似特征。断层切割交汇处岩石破裂程度高,在经历多其次构造作用过程中,形成良好的张性空间,有利于成矿流体流入沉淀富集成矿。

③构造圈闭使得成矿元素大量富集:当成矿流体沿导矿构造进入容矿构造后,因其物理化学障碍被打破而沉淀富集成矿,但若容矿构造直通地表没有良好的盖层(圈闭),则成矿流体也不能卸载成矿。在烂泥沟金矿中,F3断层上盘为一中倾斜逆冲断层F5,断层带宽3~5 m,由压性构造角砾岩组成,角砾岩间为大量泥质充填物,成矿流体在此断层间不利于流动。由于F5断层逆冲推覆作用,T_2xm^{4-3}段泥岩覆盖于边阳组之上形成盖层,与F5断层共同形成良好的构造圈闭,从而使成矿流体在此下部的有利构造空间富集成矿。而同样与巧洛断层连通的F1断层,尽管在其地表发现多个矿化点,但却没有成矿,与其上部缺乏有利的构造圈闭有很大关系。

综上,有利的容矿构造和岩性组合以及构造圈闭的作用,加之不同方向的构造切割,形成了烂泥沟超大型断控型金矿独特的构造控矿作用。

8.1.3 沉淀机制

与美国内华达成矿流体相比(成矿流体温度-180~240 ℃,盐度4%~6% NaCl equiv.)(Cline and Hofstra,2000;Hofstra and Cline,2000;Lubben et al.,2012),贵州卡林型金矿成矿流体具有更高压力和温度、低盐度、富CO_2等特点(Zhang et al.,2003;Su et al.,2009a)。美国卡林型金矿金的沉淀机制主要为富含H_2S的成矿流体与赋矿围岩中发生水岩反应,形成含砷载金黄铁矿(Hofstra et al. ,1991;Hofstra and Cline,2000;Kesler et al. ,2003)。黔西南卡林型金矿流体包裹体及同位素研究表明,成矿流体中含铁量很低,如水银洞低于 40 μg/g,(Su et al. ,2009a),而通过蚀变围岩岩相学研究发现,在矿体中铁白云石很少,而在围岩中发现大量铁白云石,说明在热液蚀变过程中铁白云石溶解释放出 Fe^{2+},形成载金黄铁矿(谢卓君,2016a)。

基于围岩和矿石的矿物组成图(图 6-5),绘制了烂泥沟金矿两期蚀变和矿化过程示意图(图 8-1)。含矿断层的元素变化(图 6-3)表明,矿石中热液黄铁矿是硫化作用而不是黄铁矿化作用形成的(Hofstra and Cline,2000;Cline et al. ,2005;Su et al. ,2009a)。根据地球化学实验,富集还原性 S 和 Au 的成矿流体,其 Au 主要以 Au-HS 络合物[$Au(HS)^0$ 和/或 $Au(HS)_2^-$]的形式运移(Seward,1973)。原位 LA-ICP-MS 分析表明,Py4 中 Au 含量较低(0.122×10^{-6}),表明成矿前热液主要富集还原性 S 而贫 Au。在成矿前阶段,富 HS^-热液主要通过与菱铁矿和铁白云石反应,导致其释放铁,从而与流体中的 S 结合生成 Py4。由于在烂泥沟金矿中没有发现三层环带状黄铁矿,沉积黄铁矿可能大部分被成矿前热液活动所溶蚀。与沉积黄铁矿相比,Py4 中 Sb 含量较高[图 6-5(c)],表明成矿前热液中可能携带了少量 Sb。在成矿阶段,富 $Au(HS)^0$ 和/或 $Au(HS)_2^-$ 的成矿流体与菱铁矿和铁白云石发生反应,形成了 OPy。此外,成矿流体与钠长石发生反应形成伊利石,伊利石充填于 Py4 或粗粒石英颗粒周围。Au、As、Sb、Tl、Ag、Cu 在 Opy 中含量较高(图 6-5),表明这些元素是成矿流体中主要的金属元素。

石英脉通常赋存于高品位矿石中,与含砷黄铁矿、雄黄、辉锑矿、铁白云石、方解石等共生,石英脉中硫化物的平均 $\delta^{34}S$ 值为 1.16%,与 OPy 相似,平均 $\delta^{34}S$ 值为 1.23%。因此,这些石英脉是在金成矿过程中形成的,可解释为成矿期石英脉(Zhang et al. ,2003)。对这些含硫化物的石英脉进行了流体包裹体研究。结果表明,矿石流体为富 CO_2(摩尔分数为 7% ~75%)、低矿化度(质量分数<5% NaCl 当量)、中高温(240 ~300 ℃)的含水流体,压力为 1.5 ~2.3 kbar,

对应深度为 5.5 ~ 8.9 km。然而,成矿前脉石矿物尚未被观测和证实,需要更多的野外观测、地质年代学和同位素研究确定成矿前流体的物理化学特征。

综上,水岩反应导致赋矿地层的去碳酸盐化和成矿流体的硫化作用,致使金在构造有利空间沉淀富集成矿,这是烂泥沟金矿最重要的金的沉淀机制。

8.2　两期热液作用

烂泥沟金矿矿石中黄铁矿核部(Py4)很可能是在成矿前热液事件中形成的,支持这一假设的主要证据如下:

①未蚀变围岩中黄铁矿数量稀少(体积分数为 0.021%,表 6-4),矿石中黄铁矿数量显著增加(1.275%,表 6-4)。矿石中的黄铁矿无疑主要是在同生沉积和成岩阶段后经热液蚀变和矿化形成的。

②Py4 的地球化学特征与 OPy 相似,Co、Ni、Mn、Zn、Mo 含量较低(图 6-3),但与典型的沉积型黄铁矿不同(Large et al.,2014;Gregory et al.,2016)。Py4 中 Sb 含量较高(图 6-3),表明在金成矿之前存在一段含 Sb 热液活动时期。

③Py4 的 S 同位素组成范围较窄,为 0.76% ~ 1.33%,表明 Py4 中的 S 来自 S 同位素组成均匀的热液流体,而沉积黄铁矿的 S 同位素组成范围普遍较宽。

④Py4 通常粒度较粗,边缘平坦[图 6-8(h)—(j)],局部存在侵蚀边界[图 6-8(k)],与典型的草莓状、结节状、自形微晶结构的沉积黄铁矿明显不同[图 6-8(a)—(f)](Large et al.,2014;Gregory et al.,2016)。

⑤相当多的 Py4 被破坏并充满了 OPy[图 6-8(k)],此外,Py4 通常含有大量伊利石填充物,而这些伊利石填充物在 OPy 中是少见的。这些形态特征表明,Py4 沉积于成矿前的热液中,而不是在金成矿早期阶段。

总的来说,这一矿物学和地球化学证据可能意味着在烂泥沟金矿床中发生过两次热液事件。

在烂泥沟金矿高品位矿石中的两期硫化物石英脉可能记录了两期热液事件(图3-8),晚期的石英脉由雄黄、石英、铁白云石、方解石、载金含砷黄铁矿和辉锑矿组成,雄黄的$\delta^{34}S$值为1.27%,与平均$\delta^{34}S$值为1.23%的OPy一致。因此,该晚期石英脉可能是在金成矿过程中形成的,可解释为成矿期石英脉,早期的石英脉被成矿期石英脉切割,可称为成矿前石英脉。成矿前石英脉主要由石英和微晶雄黄组成,雄黄呈浸染状,结晶直径为0.1~2 μm,暂时无法分析S同位素组成。尽管缺乏S同位素证据,但基于简单的切割关系,可以认为成矿前石英脉和Py4很可能来自相同的热液流体。

根据围岩和矿石的矿物扫面,用示意图说明这两期蚀变和矿化过程(图8-1)。在成矿前热液活动阶段,富HS^{-1}流体主要从菱铁矿和铁白云石中溶解铁,生成成矿前热液黄铁矿(Py4)。随后,在成矿阶段,富$Au(HS)_2^-$流体与残留的Fe氧化物和Fe白云石反应形成含金黄铁矿(OPy)。

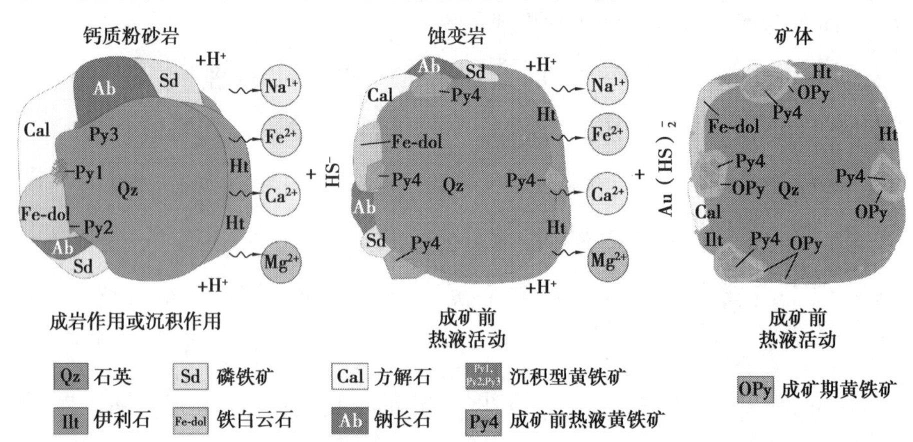

图8-1　两期热液与围岩反应示意图

说明:钙质粉砂岩(calcareous siltstone)的组成为石英(Qz)、伊利石(Ilt)、方解石(Cal)、钠长石(Ab)、铁白云石(Fe-dol)、菱铁矿($FeCO_3$)及少量黄铁矿(Py1,Py2, Py3)。

在成矿前热液活动阶段,富HS^-流体与铁白云石和菱铁矿中释放铁离子发生反应从而形成成矿前热液黄铁矿(Py4);在成矿热液活动阶段,富$Au(HS)_2^-$流体与剩余的菱铁矿和铁白云石释放的Fe^{2+}发生反应形成载金黄铁矿(OPy),环绕并切割成矿前黄铁矿(Py4)。

8.2.1　右江盆地两期热液事件

（1）两期热液黄铁矿

在烂泥沟金矿中，Py4 和 OPy 的结构特征存在显著差异（图 6-8）。相当多的 Py4 中有大量的裂隙并被 OPy 填充，而在 OPy 中没有这样的裂隙。Py4 中的裂隙指示了在 Py4 沉积后、成矿期热液活动前有一期构造应力事件。此外，Py4 中通常含有大量的伊利石或石英包裹体，而这些包裹体在 OPy 中很少见。Py4 可能被后期成矿流体溶蚀、蚀变，留下大量的孔洞，这些孔洞又被成矿期脉石矿物充填。最后，Py4 是均质的，而 OPy 包含多个富 As 的亚带。这些亚带可能是富 Au-As 的流体阶段式侵入热液体系的结果（Barker et al.，2009），但在 Py4 的热液体系中不存在这种流体侵入。OPy 还形成了单个的半自形-自形的细粒黄铁矿［图 6-8（i）］，并含有多个富 As 亚带，没有贫金黄铁矿核。这些矿物学特征表明，Py4 可能沉积于成矿前的热液，而不是成矿早期流体。

右江盆地其他的卡林型金矿中也具有与烂泥沟金矿类似的环带黄铁矿（图 8-2）（Jin，2017；Hu et al.，2018；Li et al.，2019；赵静等，2019；Li et al.，2020；He et al.，2021；Lin et al.，2021；Song et al.，2022；Song et al.，Under Review）。相似之处包括黄铁矿核是均质的、破裂的，含有大量的伊利石或石英包裹体，黄铁矿边显示韵律状的多个富 As 亚带。大多数金矿床的黄铁矿边可大致划分为富 As 内边（BSE 图像亮灰色）和相对低的 As 外边（BSE 图像灰色），表明这些矿床的成矿流体可能经历了相似的演化过程。此外，太平洞金矿中还发现了直径大于 100 μm 的单颗粒，含多亚带的自形粗粒黄铁矿（赵静等，2019），这类黄铁矿表现为早期富 As，晚期相对低 As，对应环带状黄铁矿的内边和外边。成矿期黄铁矿可能不仅沿着成矿前粗粒黄铁矿外围生长，而且可能单独成核沉积。综上所述，右江盆地卡林型金矿床中普遍存在成矿前热液黄铁矿，表明盆地存在大规模的成矿前热液活动。

虽然烂泥沟金矿床 Py4 和 OPy 中的 Co、Ni、Mn、Zn 和 Mo 含量非常相似，但是 Py4 中 Au、As、Sb、Tl 和 Cu 的含量远远低于 OPy 中的(图 6-10)。Py4 的 $\delta^{34}S$ 值在一个狭窄的范围内(0.76‰ ~1.33‰)暗示为热液成因(图 7-4)，然而，Py4 的 $\delta^{34}S$ 平均值(0.91‰)却明显低于 OPy 的(12.4‰)。类似的黄铁矿核和边同位素的差异也被其他学者报道(图 7-4)(Zhao,2014;Xie et al.,2018b;Yan et al.,2018)。特别是，NanoSIMS 分析显示黄铁矿边宽的 $\delta^{34}S$ 值(0.11‰ ~1.81‰)和黄铁矿核相对狭窄的 $\delta^{34}S$ 值(0.6‰ ~1.2‰)(Yan et al.,2018)。这一现象与 Py4 一般是均质的，而 OPy 包含多个富 As 亚带的结构特征是一致的。

右江盆地其他金矿床的黄铁矿核和边也表现出明显的化学组成差异(Zhao,2014;Hou et al.,2016;Jin,2017;Hu et al.,2018;Xie et al.,2018b;Yan et al.,2018;Huang et al.,2019;Li et al.,2019;Li et al.,2020;Liang et al.,2020;Wei et al.,2020;Zhao et al.,2020;He et al.,2021;Lin et al.,2021;Song et al.,2022;Song et al.,Under Review)。将右江盆地其他金矿床发表的原位黄铁矿微量元素(以 Au 和 Co 为代表)和 S 同位素数据分别汇编成图 8-3 和图 8-4。对于水银洞金矿中三层环带黄铁矿[图 8-2(c)](Li et al.,2020)，内核被划分为沉积黄铁矿，而中间部分被解释为本书的黄铁矿核。右江盆地大部分金矿中黄铁矿核的 Au 含量远低于黄铁矿边的。烂泥沟、丫他、水银洞、泥堡金矿床中黄铁矿核和边的 Co 含量基本一致，而太平洞、林旺、架底、高龙、堂上金矿的 Co 含量差异显著[图 8-3(b)]。太平洞、林旺、架底、高龙、堂上金矿的黄铁矿核或者黄铁矿边中高的 Co 含量，可能与热液流体与局部基性岩(如峨眉山玄武岩、凝灰岩和辉绿岩)之间的水-岩反应有关。此外，大部分金矿中黄铁矿核和边的 $\delta^{34}S$ 值存在显著差异(图 8-4)。黄铁矿核的 $\delta^{34}S$ 平均值高于或低于黄铁矿边。右江盆地大部分金矿的黄铁矿核的 $\delta^{34}S$ 值范围较宽，而黄铁矿边的 $\delta^{34}S$ 值范围较窄。

综上所述,右江盆地卡林型金矿中的黄铁矿核和边的化学特征存在显著差异,表明黄铁矿可能形成于两期热液活动。虽然成矿流体阶段式侵入也会导致不同阶段黄铁矿元素和同位素的波动,但黄铁矿核和边明显的矿物学差异,排除了黄铁矿核在成矿期早期沉淀的可能性。

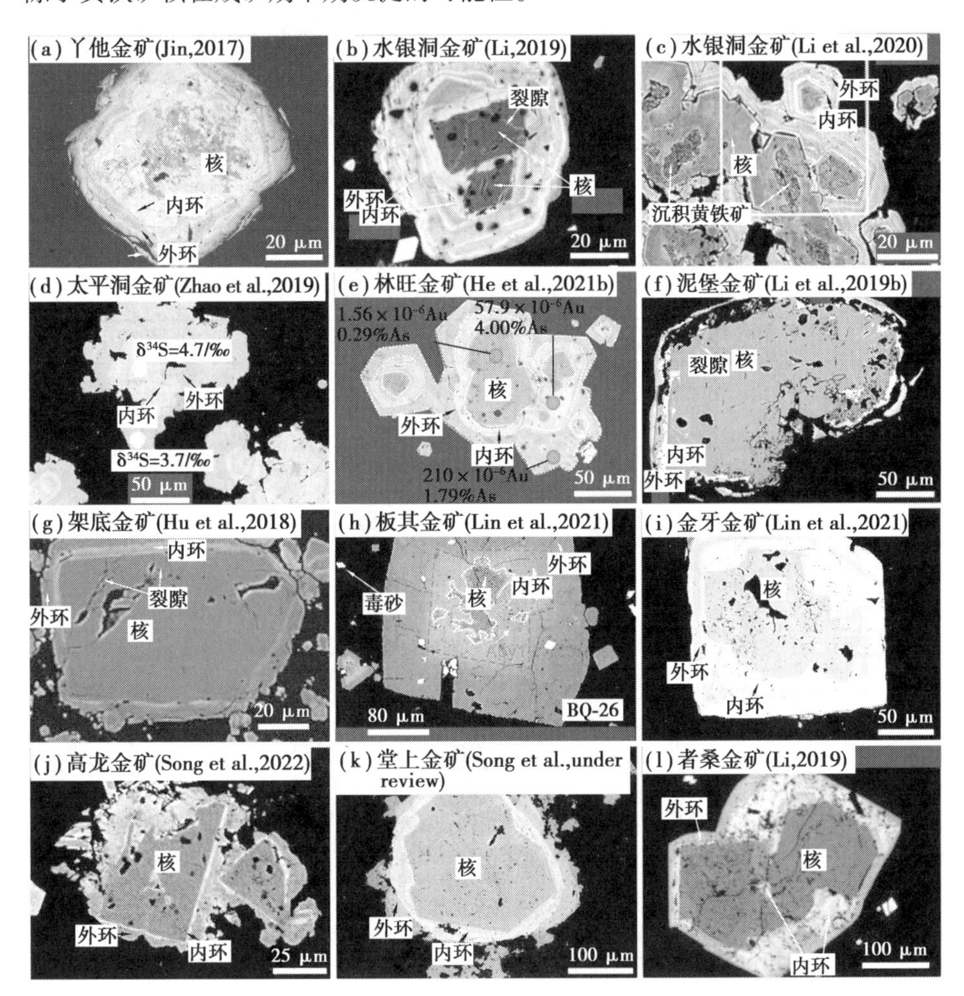

图 8-2　右江盆地内其他卡林型金矿黄铁矿背散射图片

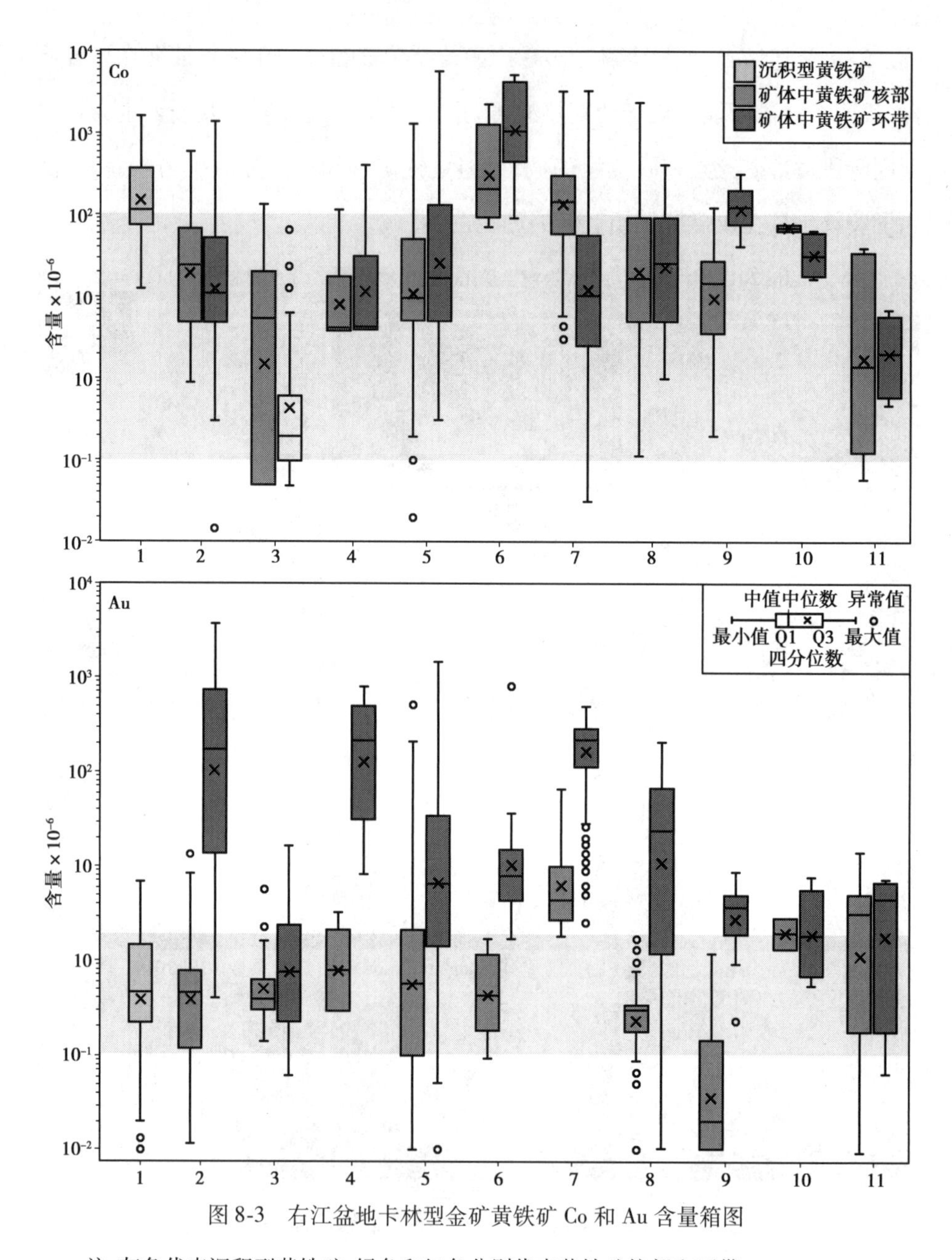

图 8-3　右江盆地卡林型金矿黄铁矿 Co 和 Au 含量箱图

注：灰色代表沉积型黄铁矿，绿色和红色分别代表黄铁矿核部和环带。

数据来源：Zhao(2014)、Hou et al. (2016)、Jin(2017)、Hu et al. (2018a,2018b)、Xie et al. (2018b)、Li et al. (2019,2020)、Wei et al. (2020)、He et al. (2021)、Lin et al. (2021)、Song et al. (2022, under review)和本书。数据经过对数转换处理。

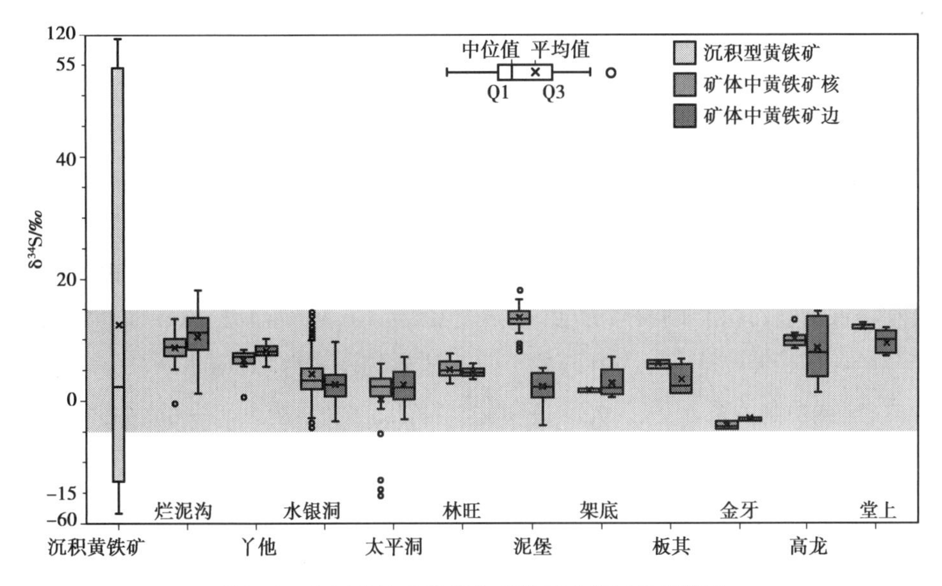

图 8-4　右江盆地卡林型金矿黄铁矿硫同位素箱图

注:灰色指沉积型黄铁矿,绿色和红色分别代表黄铁矿核部和环带。

数据来源:Zhao(2014)、Hou et al.(2016)、Jin(2017)、Hu et al.(2018a,2018b)、Xie et al.(2018b)、Li et al.(2019,2020)、Wei et al.(2020)、He et al.(2021)、Lin et al.(2021)、Song et al.(2022,Under Review)和本书。

(2)两组地质年代

矿体、地层和岩体之间的切割关系是约束区域构造及相关成矿事件最可靠的方法。右江盆地赋存金矿的最年轻地层为中三叠世,因此,中三叠世(约 247 Ma)是该区金成矿的最大年龄(Su et al.,2018)。此外,广西料屯金矿矿体被未蚀变的石英斑岩脉切割。石英斑岩脉中白云母斑晶的 $^{40}Ar/^{39}Ar$ 坪年龄为(95.5±0.7)Ma,可解释为该区金成矿的最小年龄(陈懋弘等,2014)。近二十年来,右江盆地卡林型金矿获得了大量成矿相关热液矿物的测年数据(247 ~ 95.5 Ma)(刘平等,2006;陈懋弘等,2007b;Su et al.,2009b;陈懋弘等,2009;Chen et al.,2015a;皮桥辉等,2016;Hu et al.,2017;Pi et al.,2017;董文斗,2017;靳晓野,2017;高伟,2018b;Chen et al.,2019;Tan et al.,2019;Zheng et al.,2019;Gao et al.,2021;Ge et al.,2021;Jin et al.,2021;Wang et al.,2021)。本书收集了这些年龄数据并绘制在图 8-5 中。在图 8-5 中可以看到两组年龄:分别为 130 ~ 150 Ma

和 200～230 Ma，这意味着两期低温成矿事件（Hu et al.，2017）。

Su 等人（2018）认为右江盆地北部的水银洞和泥堡等金矿是由早白垩世（130～150 Ma）的热液事件形成的；而盆地南部的者桑和安娜等金矿则是晚三叠世（200～230 Ma）热液事件的产物。然而，对右江盆地多个金矿热液矿物的最新测年表明，晚三叠世和早白垩世的热液事件在盆地的南北部均有发生。对右江盆地北部的几个金矿床（水银洞、太平洞、丫他、革党）应用了锆石和磷灰石裂变径迹和锆石（U-Th）/He 方法，获得了 192～216 Ma 和 132～160 Ma 两组热年年龄（247～95.5 Ma），认为记录了两期地质热液事件（Huang et al.，2019）。此外，根据切割关系、阴极发光颜色和化学特征，在水银洞金矿中识别出三种方解石类型。利用 U-Pb 定年法测定的方解石年龄分别为 204.3～202.6 Ma、191.9 Ma 和 139.3～137.1 Ma（Jin et al.，2021）。在盆地南部，者桑金矿床中与含金硫化物伴生的热液绢云母和金红石颗粒分别获得了 $^{40}Ar/^{39}Ar$ 年龄（215.3±1.9）Ma 和 U-Pb 年龄（213.6±5.4）Ma（Pi et al.，2017）。另外，八渡金矿的热液金红石和独居石的 U-Pb 年龄分别为（141.7±5.8）Ma 和（143.5±1.4）Ma（Gao et al.，2021）。总的来说，右江盆地卡林型金矿可能经历了与晚三叠世印支造山运动和早白垩世燕山造山运动有关的两次热液事件。这两次热液事件可能造成了右江盆地卡林型金矿中环带状黄铁矿的形成。虽然缺乏准确的含金矿物的年龄，但黄铁矿核与边的关系暗示了早白垩世可能是右江盆地主要的金成矿期。

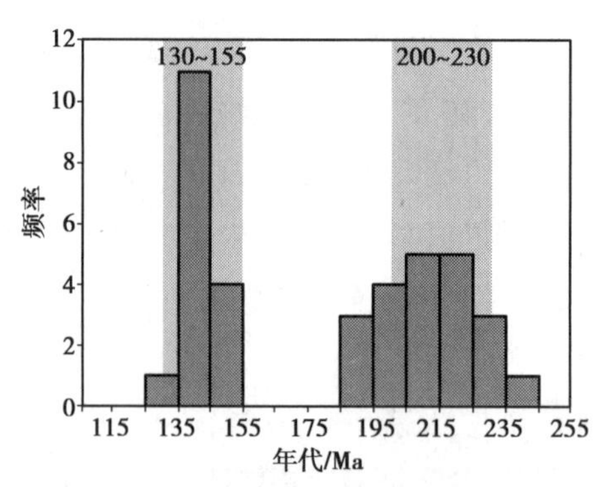

图 8-5 右江盆地卡林型金矿成矿年代直方图

数据来源：Liu et al.，2006；Chen et al.，2007a，2009，2015，2019；Su et al.，2009b；Pi et al.，2016，2017；Dong，2017；Gao，2017；Hu et al.，2017；Jin，2017；Tan et al.，2019；Zheng et al.，2019；Gao et al.，2021；Ge et al.，2021；Jin et al.，2021；Wang et al.，2021。

表8-1　右江盆地卡林型金矿可靠测年数据表

矿床	矿物	方法	年龄/Ma	数据来源
水银洞	方解石	Sm-Nd 等时线	134±3	Su et al. ,2009
	方解石	Sm-Nd 等时线	136±3	Su et al. ,2009
	毒砂	Re-Os 等时线	235±33	Chen et al. ,2015
	方解石	Sm-Nd 等时线	143±15	Jin,2017
	萤石	Sm-Nd 等时线	200.1±8.6	Tan et al. ,2019
	方解石	Sm-Nd 等时线	150.2±2.2	Tan et al. ,2019
	方解石	U-Pb 定年	204.3±2	Jin et al. ,2021
	方解石	U-Pb 定年	191.9±2.2	Jin et al. ,2021
	方解石	U-Pb 定年	202.9±4.2	Jin et al. ,2021
	方解石	U-Pb 定年	138.7±6.3	Jin et al. ,2021
	方解石	U-Pb 定年	137.1±9.7	Jin et al. ,2021
	方解石	U-Pb 定年	139.3±5.7	Jin et al. ,2021
紫木凼泥堡	方解石	Sm-Nd 等时线	148.4±4.8	Wang et al. ,2021
	石英	Rb-Sr 等时线	142±2	Liu et al. ,2006
	石英	Rb-Sr 等时线	141±2	Zheng et al. ,2019
	石英	Rb-Sr 等时线	142±3	Zheng et al. ,2019
	磷灰石	Th-Pb 定年	141±3	Chen et al. ,2019
丫他	石英	Rb-Sr 等时线	148.5±4.1	Jin,2017
	伊利石	Rb-Sr 等时线	212.8±4.6	Jin,2017
	黄铁矿	Re-Os 等时线	218±25	Ge et al. ,2021
烂泥沟	含砷黄铁矿	Re-Os 等时线	193±13	Chen et al. ,2007
	云母	Ar-Ar 坪年龄	194.6±2	Chen et al. ,2009
	毒砂	Re-Os 等时线	204±19	Chen et al. ,2015

续表

矿床	矿物	方法	年龄/Ma	数据来源
老寨湾	独居石	U-Pb 定年	207.9±5.9	Hu et al. ,2017
	独居石	U-Pb 定年	216.9±3.4	Hu et al. ,2017
	独居石	U-Pb 定年	223.9±6.9	Hu et al. ,2017
金牙	毒砂	Re-Os 等时线	206±22	Chen et al. ,2015
	磷灰石	U-Pb 定年	146±6.2	Gao,2017
八渡	金红石	U-Pb 定年	141.7±5.8	Gao et al. ,2021
	锆石	U-Pb 定年	143.5±1.4	Gao et al. ,2021
安娜	伊利石	Ar-Ar 坪年龄	243.37±3.7	Dong,2017
	伊利石	Ar-Ar 坪年龄	233.06±2.91	Dong,2017
者桑	云母	Ar-Ar 定年	215.3±1.9	Pi et al. ,2016
	黄铁矿	Rb-Sr 等时线	211.8±9.1	Dong,2017
	黄铁矿	Rb-Sr 等时线	228.2±4.8	Dong,2017
	黄铁矿	Rb-Sr 等时线	217.4±3.7	Dong,2017
	金红石	U-Pb 定年	213.6±5.4	Pi et al. ,2017

(3)两期脉石矿物

通过地质和地球化学调查,在右江盆地最大的金矿床水银洞矿区还发现了两期脉石矿物。萤石和方解石是水银洞常见的脉石矿物,Tan 等人(2019)对萤石和方解石脉进行了 Sm-Nd 同位素测年,得到萤石年龄为(200.1±8.6)Ma,方解石年龄为(150.2±2.2)Ma。此外,根据脉石切割关系、阴极发光颜色、化学成分(U、Pb 和稀土元素)和同位素组成(C、O、Sr),已识别出三种方解石类型;U-Pb 定年法测定的方解石年龄分别为 204.3~202.6Ma、191.9 Ma 和 139.3~137.1 Ma(Jin et al. ,2021)。这些多期脉石矿物表明,水银洞金矿床至少经历了两期热液作用，分别为与晚三叠世印支造山运动和早白垩世古太平洋板块俯冲有关的热液事件（Hu et al. ,2017；Tan et al. ,2019；Jin et al. ,2021）。

8.2.2 卡林型金矿成矿作用

Schoonen and Barnes（1991）对 100～300 ℃的溶液中黄铁矿的沉淀过程进行了实验研究。在 300 ℃以下的酸性溶液中，黄铁矿直接成核的速率不显著，因此，热液矿石中的黄铁矿主要是通过 FeS 前驱体的转化而形成的。黄铁矿核一旦形成，由于表面存在密度较大的缺陷或高能量的反应点，它们可以从热液中迅速生长为宏观晶体（Nie et al. ,2022）。在成矿期热液事件中，成矿前热液黄铁矿可能扮演黄铁矿核的角色，导致黄铁矿的快速结晶。快速结晶表明矿物与流体之间为非平衡反应；一般来说，元素在非平衡状态下，其分配系数高于平衡状态分配系数（Xu，2000）。因此，成矿前热液黄铁矿可能导致成矿期黄铁矿的快速非平衡结晶，促使更多的 Au 和微量元素加入到成矿期黄铁矿中（Liang et al. ,2021）。

右江盆地卡林型金矿床中大部分成矿前热液黄铁矿金含量均较低（图 8-2），但林旺、高龙、堂上金矿黄铁矿核中 Au 含量相对较高，为 $1\sim10\times10^{-6}$（图 8-2）（He et al. ,2021；Song et al. ,2022；Song et al. ,under review），暗示局部的低品位金矿体可能在成矿前热液事件中形成。在此基础上，我们认为成矿前热液期有少量低品位金矿体形成，成矿期金成矿作用与成矿前成矿作用叠加可能有助于形成超大型卡林型金矿床。

8.3 成矿模式

烂泥沟金矿作为典型的超大型断控型金矿，构造对其成矿起关键性作用。

从大地构造位置来看,烂泥沟金矿处于华南板块西南缘右江盆地内,其独特的大地构造位置是形成其超大型金矿的基础。早泥盆世的裂谷作用形成右江盆地台盆相间的格局,同时形成大量北西和北东向区域性同生大断裂,为后期成矿流体上涌提供了通道;印支期印度板块与华南板块碰撞形成右江盆地构造格局,从区域成矿时代来看,在 200 ~ 230 Ma,有一期热液作用并在区域上局部成矿,对于烂泥沟金矿,受到此次热液作用影响,形成矿区内成矿前黄铁矿 Py4。燕山期太平洋板块向西俯冲形成的岩石圈伸展环境使得早期古构造复活,深部热液活动加剧,深部岩浆释放成矿流体,形成右江盆地低温热液成矿域。年代学研究表明,烂泥沟金矿主成矿时代为 141 Ma(高伟,2018a),与区域上该期成矿热液上涌时空高度吻合。此外,矿物学及地球化学研究表明,成矿前热液作用形成的 Py4 可能为主成矿期 Au 的富集提供了一定的物质来源。

本书通过详细研究矿区构造格架体系,识别出了烂泥沟金矿深部隐伏导矿构造,通过建立三维构造及成矿元素模型,系统地论述了成矿元素空间分布特征及规律,结合区域地质及矿区地质特征,构建了烂泥沟金矿成矿模式(图 8-6)。同位素(碳、氢、氧、硫、铅和汞同位素)研究结果表明,烂泥沟金矿成矿流体具有深源岩浆来源特征。深部岩浆流体在上升运移过程中有盆地流体及大气水加入。深部岩浆成矿流体沿深大断裂巧洛断裂上涌至二级导矿构造 F2,在 F2 和 F3 断层交汇处富集并向周边扩散渗透到破碎围岩中,富含 H_2S 的成矿流体与断层破碎带中富 Fe 的碳酸盐岩发生水-岩反应致使金矿在构造有利空间沉淀富集成矿,从而形成烂泥沟超大型金矿床。

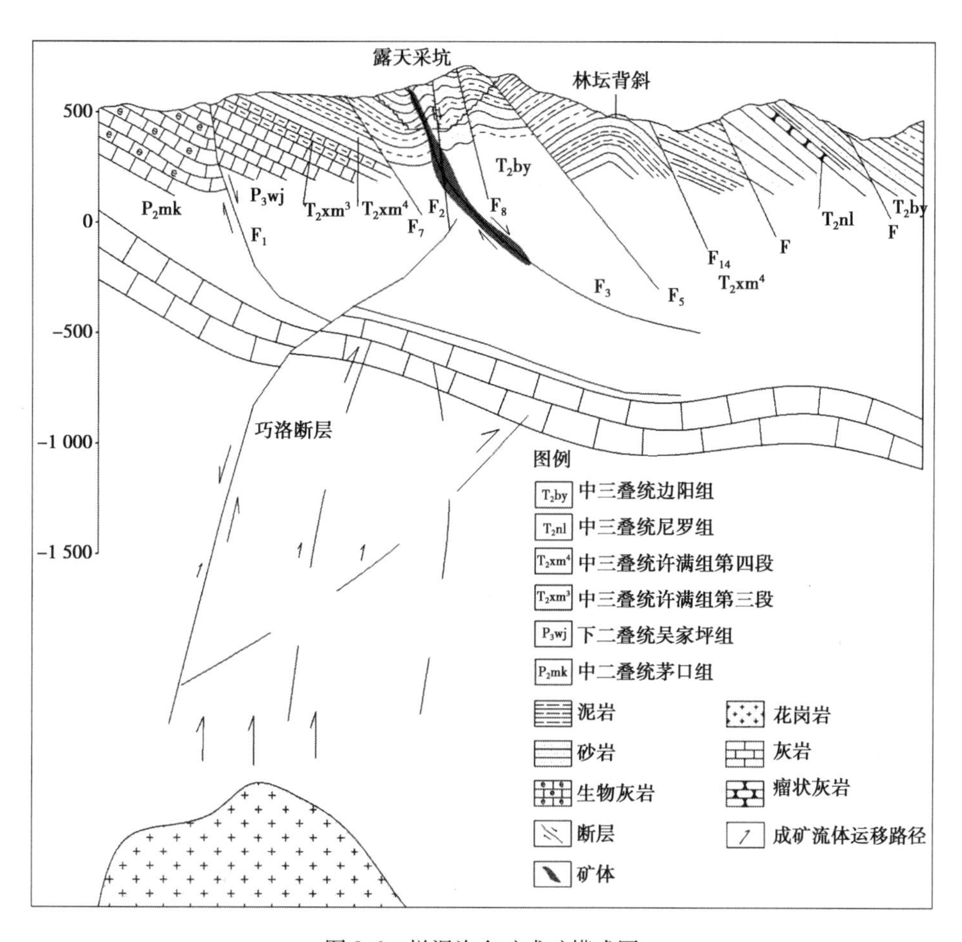

图 8-6　烂泥沟金矿成矿模式图

第9章　结论及展望

9.1　主要结论

通过对烂泥沟金矿矿床地质特征、构造格架体系、构造期次、建立三维构造模型及地球化学模型、矿物组成及地球化学、流体包裹体温度场及同位素（碳、氢、氧、硫和铅同位素）等的研究，本书取得了如下主要认识和结论。

①系统地查明了烂泥沟金矿构造格架体系，提出矿区"三级构造"格架体系。切穿基底的巧洛断层为一级导矿断层，与巧洛断层连通的边界断层F1和F2为二级导矿断层，F3、F2和F6为容矿断层。断裂构造是烂泥沟金矿形成超大型金矿床的关键控制因素，查明了隐伏断层巧洛断层与F2断层连通，解释了烂泥沟金矿成矿流体来源通道问题。利用古构造应力及原岩应力测试方法，测得矿区所测地层主要经受了四次构造应力作用，其中一次应力值明显低于其他三次，推测为岩石圈伸展拉伸环境下的构造应力作用。现存最大一个期次构造应力方向为187°，与构造解译的应力方向基本一致。结合区域地质背景及矿区地质特征，推测矿区内发生了五期主要构造演化。

②建立了三维构造模型、三维岩石质量指标（RQD）模型及三维成矿相关元素地球化学模型，系统阐述了控矿构造及成矿相关元素三维空间分布特征及规律。在不同方向的断裂构造交汇处往往形成厚大富矿体，体现了重要的构造控矿特征。结合RQD指标及矿体富集关系，提出有利的容矿构造空间加有利岩

性组合(RQD 指标指示破碎程度,与构造和岩性相关)是烂泥沟金矿最重要的控矿机制。

③对烂泥沟金矿构造破碎带和围岩进行了岩石化学、岩相学、矿物组成、黄铁矿组成及形态学等系统的构造地球化学研究。SO_3、Au、As、Sb、Hg、Tl 及 Ag 在构造破碎带中显示出明显富集,另外,Mo、W 和 SiO_2 在矿体中增加,但 CaO、MgO 和 Na_2O 随着 Au 含量增加而降低。矿物学研究表明构造破碎带中石英、伊利石、黄铁矿含量显著升高,而方解石、钠长石、铁白云石和菱铁矿含量降低。烂泥沟金矿共识别出五个类型的黄铁矿,Py1、Py2 和 Py3 为沉积型或成岩期黄铁矿,Py4 为成矿前热液作用形成,OPy 为主成矿期热液黄铁矿。

④系统的碳、氢、氧、硫及铅同位素研究探寻了烂泥沟金矿成矿流体的来源与演化,研究结果表明烂泥沟金矿成矿流体具有岩浆来源特征,在沿深大断裂迁移过程中存在明显的盆地流体和大气降水的加入,从而形成具有混染特征的成矿流体性质。

⑤通过蚀变矿物、黄铁矿矿物组成及微区原位同位素、矿物学等研究,结合区域地质特征、成矿时代等,提出了烂泥沟金矿经历了两期热液作用,第一期大致在 200~230 Ma,形成环带状黄铁矿的核部(Py4),第二期为燕山期(130~150 Ma)区域构造作用(太平洋板块向西俯冲)形成的岩石圈伸展,成矿热液上涌与含铁碳酸盐发生水-岩硫化作用形成含砷载金黄铁矿环带 OPy。

⑥构建了烂泥沟金矿成矿模式。深部岩浆相关的成矿流体在高压热源或构造应力作用下沿深大断裂巧洛断裂上涌至二级导矿构造 F2,在 F2 和 F3 断层交汇处富集并向周边扩散渗透到破碎围岩中,富含 H_2S 的成矿流体与断层破碎带中富 Fe 的碳酸盐岩发生水-岩反应致使金矿在构造有利空间沉淀富集成矿,从而形成烂泥沟超大型金矿床。

9.2 不足之处及研究展望

尽管对烂泥沟金矿成矿流体来源、构造控矿机制、成矿模式等进行了系统的研究,但仍存在一定不足之处,需要后续继续研究。

①本次古构造应力因条件限制,未能测到每期构造应力方向,以后有条件若能测到构造应力方向,对推断矿区构造期次及演化更具说服力。同时可以结合区域构造应力的分布特征,如应力方向、大小等进行综合分析,从而更准确地对矿区构造期次及演化进行划分和解释。

②本书未能找到合适的石英包裹体,未获得最新成矿流体成分。烂泥沟金矿石英包裹体通常较小,难以获得很好的样品,在今后的研究中可以加大取样数量,从而找到合适的包裹体。

参考文献

[1] 蔡应雄,杨红梅,卢山松,等. 黔西南紫木凼金矿床成矿物质来源:S-C-O-Pb-Sr 同位素制约[J]. 地球科学,2021,46(12):4316-4333.

[2] 曾煜轩. 贵州省贞丰县水银洞金矿成矿模式研究[D]. 成都:成都理工大学,2020.

[3] 曾允孚,刘文均. 右江盆地演化与层控矿床[J]. 地学前缘,1995,2(4):237-240.

[4] 陈国达,黄瑞华. 关于构造地球化学的几个问题[J]. 大地构造与成矿学,1984,8(1):7-18.

[5] 陈建平,于萍萍,史蕊,等. 区域隐伏矿体三维定量预测评价方法研究[J]. 地学前缘,2014,21(5):211-220.

[6] 陈懋弘. 基于成矿构造和成矿流体耦合条件下的贵州锦丰(烂泥沟)金矿成矿模式[D]. 北京:中国地质科学院,2007.

[7] 陈懋弘. 滇黔桂卡林型金矿的构造型式和构造背景[J]. 矿物学报,2011,31(S1):192-193.

[8] 陈懋弘,黄庆文,胡瑛,等. 贵州烂泥沟金矿层状硅酸盐矿物及其 39Ar-40Ar 年代学研究[J]. 矿物学报,2009,29(3):353-362.

[9] 陈懋弘,毛景文,PHILLIP J U,等. 贵州贞丰(烂泥沟)金矿床含砷黄铁矿和脉石英及其包裹体的稀土元素特征[C]. //2007 年地质流体和流体包裹体研究国际学术会议暨第十五届全国流体包裹体会议论文汇编,2007:

104-105.

[10] 陈懋弘,毛景文,屈文俊,等.贵州贞丰烂泥沟卡林型金矿床含砷黄铁矿Re-Os同位素测年及地质意义[J].地质论评,2007,53(3):371-382.

[11] 陈懋弘,吴六灵,PHILLIP J U,等.贵州锦丰(烂泥沟)金矿床含砷黄铁矿和脉石英及其包裹体的稀土元素特征[J].岩石学报,2007,23(10):2423-2433.

[12] 陈懋弘,张延,蒙有言,等.桂西巴马料屯金矿床成矿年代上限的确定:对滇黔桂"金三角"卡林型金矿年代学研究的启示[J].矿床地质,2014,33(1):1-13.

[13] 陈武,钱汉东,张根娣,等.微细浸染型金矿床中汞砷锑硫化物的标型特征研究:以黔西南和桂北地区为例[J].地质找矿论丛,1995,10(1):66-75.

[14] 陈衍景,张静,张复新,等.西秦岭地区卡林—类卡林型金矿床及其成矿时间、构造背景和模式[J].地质论评,2004,50(2):134-152.

[15] 丁建华,肖克炎,娄德波,等.大比例尺三维矿产预测[J]地质与勘探,2009,45(6):729-734.

[16] 董文斗.右江盆地南缘辉绿岩容矿金矿床地球化学研究[D].北京:中国科学院大学,2017.

[17] 董文斗,苏文超,沈能平,等.广西八渡卡林型金矿床含金硫化物矿物学与地球化学研究[J].矿物学报,2013,33(S2):431-432.

[18] 杜远生,黄虎,杨江海,等.晚古生代—中三叠世右江盆地的格局和转换[J]地质论评,2013,59(1):1-11.

[19] 范宏瑞,谢奕汉,赵瑞,等.豫西熊耳山地区岩石和金矿床稳定同位素地球化学研究[J].地质找矿论丛,1994,9(1):54-64.

[20] 范军,肖荣阁.矿床及其组合是地壳演化的标志物:右江幔隆的发生、发展与滇黔桂卡林型金矿关系探讨[J].矿物学报,1997,17(4):457-462.

[21] 高伟.桂西北卡林型金矿成矿年代学和动力学[D].北京:中国科学院大

学,2018.

[22] 荀汉成.滇黔桂地区中、上三叠统浊积岩形成的构造背景及物源区的初步探讨[J].沉积学报,1985,3(4):95-107.

[23] 韩波,梁金龙,赵静.黔西南卡林型金矿成矿过程与硅化蚀变的关系探讨[J].世界有色金属,2016(23):15-19.

[24] 韩润生.构造地球化学近十年主要进展[J].矿物岩石地球化学通报,2013,32(2):198-203.

[25] 韩润生,陈进,高德荣,等.构造地球化学在隐伏矿定位预测中的应用[J].地质与勘探,2003,39(6):25-28.

[26] 韩伟,罗金海,樊俊雷,等.贵州罗甸晚二叠世辉绿岩及其区域构造意义[J].地质论评,2009,55(6):795-803.

[27] 韩至钧,盛学庸.黔西南金矿及其成矿模式[J].贵州地质,1996,13(2):146-153.

[28] 何继善.大深度高精度广域电磁勘探理论与技术[J].中国有色金属学报,2019,29(9):1809-1816.

[29] 何继善.广域电磁法理论及应用研究的新进展[J].物探与化探,2020,44(5):985-990.

[30] 何继善,李帝铨.深地探测尖兵:广域电磁法[J].国土资源科普与文化,2019(3):4-9.

[31] 胡瑞忠,苏文超,毕献武,等.滇黔桂三角区微细浸染型金矿床成矿热液一种可能的演化途径:年代学证据[J].矿物学报,1995,15(2):144-149.

[32] 胡煜昭,王津津,韩润生,等.印支晚期冲断-褶皱活动在黔西南中部卡林型金矿成矿中的作用:以地震勘探资料为例[J].矿床地质,2011,30(5):815-827.

[33] 胡煜昭,张桂权,王津津,等.黔西南中部卡林型金矿床冲断-褶皱构造的地震勘探证据及意义[J].地学前缘,2012,19(4):63-71.

[34] 靳晓野. 黔西南泥堡、水银洞和丫他金矿床的成矿作用特征与矿床成因研究[D]. 武汉:中国地质大学,2017.

[35] 靳晓野,李建威,ALBERT H,等. 黔西南卡林型金矿床与区域古油藏的关系:来自流体包裹体气相组成和沥青拉曼光谱特征的证据[J]. 岩石学报,2016,32(11):3295-3311.

[36] 李俊海,吴攀,刘建中,等. 贵州西南部峨眉山玄武岩分布区架底和大麦地金矿床金的赋存状态[J]. 矿物学报,2021,(3)41:234-244.

[37] 李松涛,刘建中,夏勇,等. 黔西南卡林型金矿聚集区构造地球化学弱矿化信息提取方法及其应用研究[J]. 黄金科学技术,2021,29(1):53-63.

[38] 李院强,庞保成,张青伟,等. 广西平南新坪金矿成矿流体特征及矿床成因初探[J]现代地质,2016(1):29-35.

[39] 刘丛强,黄智龙,李和平,等. 地幔流体及其成矿作用[J]. 地学前缘,2001,8(4):231-243.

[40] 刘建中,陈景河,陈发恩,等. 水银洞超大型金矿赋存于 Sbt 中的金矿石特征[C]. //第四届全国成矿理论与找矿方法学术讨论会论文集. 2009:126-127.

[41] 刘建中,邓一明,刘川勤,等. 水银洞金矿床包裹体和同位素地球化学研究[J]. 贵州地质,2006,23(1):51-56.

[42] 刘建中,王泽鹏,杨成富,等. 中国南方卡林型金矿多层次构造滑脱成矿系统[J]. 中国科技成果,2020(14):49-51.

[43] 刘建中,王泽鹏,杨成富,等. 南盘江-右江成矿区金矿成矿模式构想[C]. //全国成矿理论与找矿方法学术讨论会. 2017:142-143.

[44] 刘建中,杨成富,夏勇,等. 贵州西南部台地相区 Sbt 研究及有关问题的思考[J]. 贵州地质,2010,27(3):178-184.

[45] 刘平,李沛刚,马荣,等. 一个与火山碎屑岩和热液喷发有关的金矿床:贵州泥堡金矿[J]. 矿床地质,2006,25(1):101-110.

[46] 刘泉清. 构造地球化学的研究及其应用[J]. 地质与勘探,1981,17(4):53-61.

[47] 刘彦花,吴湘滨,叶国华. 三维地质建模与可视化[J]. 科技导报,2009,27(5):96-101.

[48] 刘远辉,李进,邓克勇. 贵州盘县地区峨眉山玄武岩铜矿的成矿地质条件[J]. 地质通报,2003,22(9):713-717.

[49] 罗孝桓. 烂泥沟金矿区 F3 控矿断裂特征及构造成矿作用机理探讨[J]. 贵州地质,1993,10(1):26-34.

[50] 罗孝桓. 断裂构造的几何学、运动学特征及其对金矿体就位控制研究:以黔西南卡林型金矿为例[J]. 贵州地质,1997,14(1):46-54.

[51] 罗孝桓. 浅析控矿断裂的运动学模式及动力学背景[J]. 贵州地质,1998,15(3):234-239.

[52] 罗孝桓. 黔西南卡林型金矿勘查中的构造地球化学研究[J]. 贵州地质,2000,17(4):249-253.

[53] 吕古贤,孙岩,刘德良,等. 构造地球化学的回顾与展望[J]大地构造与成矿学,2011,35(4):479-494.

[54] 毛景文,李厚民,王义天,等. 地幔流体参与胶东金矿成矿作用的氢氧碳硫同位素证据[J]. 地质学报,2005,79(6):839-857.

[55] 毛铁,叶春,杜定全. 贵州烂泥沟金矿控矿断层构造地球化学研究[J]. 矿物岩石地球化学通报,2014,33(1):98-107.

[56] 毛先成,戴塔根,吴湘滨,等. 危机矿山深边部隐伏矿体立体定量预测研究:以广西大厂锡多金属矿床为例[J]. 中国地质,2009,36(2):424-435.

[57] 毛先成,邹艳红,陈进,等. 危机矿山深部、边部隐伏矿体的三维可视化预测:以安徽铜陵凤凰山矿田为例[J]. 地质通报,2010,29(S1):401-413.

[58] 聂爱国. 黔西南卡林型金矿的成矿机制及成矿预测[D]. 昆明:昆明理工大学,2007.

[59] 皮桥辉,胡瑞忠,彭科强,等.云南富宁者桑金矿床与基性岩年代测定:兼论滇黔桂地区卡林型金矿成矿构造背景[J].岩石学报,2016,32(11):3331-3342.

[60] 钱建平.构造地球化学找矿方法及其在微细浸染型金矿中的应用[J].地质与勘探,2009,45(2):60-67.

[61] 史蕊,陈建平,刘汉栋,等.山东焦家金成矿带三维预测模型及靶区优选[J].现代地质,2014,28(4):743-750.

[62] 史蕊,陈建平,王刚,等.云南个旧竹林矿段三维成矿预测及靶区优选[J].地质通报,2015,34(5):944-952.

[63] 苏文超.扬子地块西南缘卡林型金矿床成矿流体地球化学研究[D].贵阳:中国科学院地球化学研究所,2002.

[64] 苏文超,杨科佑,胡瑞忠,等.中国西南部卡林型金矿床流体包裹体年代学研究:以贵州烂泥沟大型卡林型金矿床为例[J].矿物学报,1998,18(3):359-362.

[65] 谭亲平.黔西南水银洞卡林型金矿构造地球化学及成矿机制研究[D].北京:中国科学院大学,2015.

[66] 谭亲平,夏勇,王学求,等.黔西南灰家堡金矿田成矿构造模式及构造地球化学研究[J].大地构造与成矿学,2017,41(2):291-304.

[67] 谭亲平,夏勇,谢卓君,等.黔西南水银洞卡林型金矿构造地球化学及对隐伏矿找矿的指示[J].地球学报,2020,41(6):886-898.

[68] 唐金荣,金玺,周平,等.新世纪俄罗斯找矿地球化学[J].地球学报,2012,33(2):145-152.

[69] 陶平,马荣,雷志远,等.扬子区黔西南金矿成矿系统综述[J].地质与勘探,2007,43(4):24-28.

[70] 涂光炽.构造与地球化学[J].矿物岩石地球化学通讯,1984,3(1):1-2.

[71] 万天丰.论中国大陆复杂和混杂的碰撞带构造[J].地学前缘,2004,11

(3):207-220.

[72] 王成辉,王登红,刘建中,等.贵州水银洞超大型卡林型金矿同位素地球化学特征[J].地学前缘,2010,17(2):396-403.

[73] 王津津,胡煜昭,张桂权,等.黔西南中部逆冲推覆构造控制卡林型金矿的地震勘探证据[J].地质与勘探,2011,47(3):439-447.

[74] 王琨,肖克炎,李胜苗,等.基于探矿者软件(Minexplorer)的三维地质建模及储量估算:以湘西北李梅铅锌矿为例[J].地质通报,2015,34(7):1375-1385.

[75] 王学求,张必敏,于学峰,等.金矿立体地球化学探测模型与深部钻探验证[J].地球学报,2020,41(6):869-885.

[76] 王砚耕.黔西南及邻区两类赋金层序与沉积环境[J].岩相古地理,1990,10(6):8-13.

[77] 王砚耕.试论黔西南卡林型金矿区域成矿模式[J].贵州地质,1994,11(1):1-7.

[78] 王砚耕,王立亭,张明发,等.南盘江地区浅层地壳结构与金矿分布模式[J].贵州地质,1995,12(2):91-183.

[79] 王泽鹏,夏勇,宋谢炎,等.黔西南灰家堡卡林型金矿田硫铅同位素组成及成矿物质来源研究[J].矿物岩石地球化学通报,2013,32(6):746-752.

[80] 吴立新,史文中,CHRISTOPHER G.3D GIS 与 3DG MS 中的空间构模技术[J].地理与地理信息科学,2003,19(1):5-11.

[81] 夏勇.贵州贞丰县水银洞金矿床成矿特征和金的超常富集机制研究[D].贵阳:中国科学院地球化学研究所,2005.

[82] 夏勇,张瑜,苏文超,等.黔西南水银洞层控超大型卡林型金矿床成矿模式及成矿预测研究[J].地质学报,2009,83(10):1473-1482.

[83] 肖景丹,沈能平,苏文超,等.滇东南底圩金矿床矿物学与地球化学研究[J].矿物岩石地球化学通报,2021,40(2):359-370.

[84] 谢卓君. 中国贵州卡林型金矿与美国内华达卡林型金矿对比研究[D]. 北京:中国科学院大学,2016.

[85] 徐仕海. 黔桂地区古生界储层流体与成藏成矿的关系研究[D]. 成都:成都理工大学,2007.

[86] 闫俊,夏勇,谭亲平,等. 黔西南赖子山背斜东南缘卡林型金矿地质地球化学特征与成矿预测[J]. 黄金科学技术,2015,23(2):28-37.

[87] 颜军. 黔西南烂泥沟卡林型金矿成矿流体来源及演化机制[D]. 北京:中国科学院大学,2017.

[88] 叶春,杜定全. 贵州贞丰烂泥沟金矿构造样式及构造控矿特征浅析[J]. 贵阳学院学报(自然科学版),2018,13(1):97-100.

[89] 张峰,杨科佑. 黔西南微细浸染型金矿裂变径迹成矿时代研究[J]. 科学通报,1992,37(17):1593-1595.

[90] 张理刚,陈振胜,刘敬秀,等. 焦家式金矿水-岩交换作用:成矿流体氢氧同位素组成研究[J]. 矿床地质,1994,13(3):193-200.

[91] 张权平,陈建平,陈雪薇,等. 贵州烂泥沟金矿三维定量预测[J]. 地球学报,2020,41(2):193-206.

[92] 章崇真. 试论矿田断裂地球化学[J]. 地质与勘探,1979,15(3):1-10.

[93] 赵静,梁金龙,李军,等. 贵州太平洞金矿床载金黄铁矿的矿物学特征及原位微区硫同位素分析[J]. 大地构造与成矿学,2019,43(2):258-270.

[94] 郑禄林. 贵州西南部泥堡金矿床成矿作用与成矿过程[D]. 贵阳:贵州大学,2017.

[95] 郑爽,胡煜昭,管申进,等. 黔西南烂泥沟金矿田构造变形及演化分析[J]. 地质论评,2020,66(5):1431-1445.

[96] 郑永飞. 稳定同位素体系理论模式及其矿床地球化学应用[J]. 矿床地质,2001,20(1):57-70.

[97] 郑永飞,陈江峰. 稳定同位素地球化学[M]. 北京:科学出版社,2000.

[98] 朱江,张招崇,侯通,等. 贵州盘县峨眉山玄武岩系顶部凝灰岩 LA-ICP-MS 锆石 U-Pb 年龄:对峨眉山大火成岩省与生物大规模灭绝关系的约束[J]. 岩石学报,2011,27(9):2743-2751.

[99] 朱赖民,金景福,何明友,等. 黔西南微细浸染型金矿床深部物质来源的同位素地球化学研究[J]. 长春科技大学学报,1998,28(1):37-42.

[100] 祝嵩,肖克炎. 大冶铁矿田铁山矿区三维地质体建模及深部成矿预测[J]. 矿床地质,2015,34(4):814-827.

[101] 陈本金,温春齐,霍艳,等. 黔西南水银洞金矿床流体包裹体研究[J]. 矿物岩石地球化学通报,2010,29(1):45-51.

[102] 陈衍景,倪培,范宏瑞,等. 不同类型热液金矿系统的流体包裹体特征[J]. 岩石学报,2007,23(9):2085-2108.

[103] 杜远生,黄虎,杨江海,等. 晚古生代—中三叠世右江盆地的格局和转换[J]. 地质论评,2013,59(1):1-11.

[104] 王泽鹏,夏勇,宋谢炎,等. 黔西南灰家堡卡林型金矿田硫铅同位素组成及成矿物质来源研究[J]. 矿物岩石地球化学通报,2013,32(6):746-752.

[105] ALLÈGRE C J. Isotope geology [M]. Cambridge: Cambridge University Press,2008.

[106] BARKER S L L,DIPPLE G M,HICKEY K A,et al. Applying stable isotopes to mineral exploration: teaching an old dog new tricks [J]. Economic Geology,2013,108(1):1-9.

[107] BARKER S L L,HICKEY K A,CLINE J S,et al. Uncloaking invisible gold: Use of nanosims to evaluate gold,trace elements,and sulfur isotopes in pyrite from carlin-type gold deposits [J]. Economic Geology, 2009, 104 (7): 897-904.

[108] CAIL T L, CLINE J S. Alteration associated with gold deposition at

thegetchell carlin-type gold deposit, north-central Nevada [J]. Economic Geology,2001,96(6):1343-1359.

[109] CHEN M H, BAGAS L, LIAO X, et al. Hydrothermal apatite SIMS ThPb dating:constraints on the timing of low-temperature hydrothermal Au deposits in Nibao,SW China[J]. Lithos,2019,324/325:418-428.

[110] CHEN M H, MAO J W, BIERLEIN F P, et al. Structural features and metallogenesis of the Carlin-type Jinfeng (Lannigou) gold deposit, Guizhou Province,China[J]. Ore Geology Reviews,2011,43(1):217-234.

[111] CHEN M H,MAO J W,LI C,et al. Re-Os isochron ages for arsenopyrite from Carlin-like gold deposits in the Yunnan-Guizhou-Guangxi "golden triangle", southwestern China[J]. Ore Geology Reviews,2015,64:316-327.

[112] CHEN M H,ZHANG Z Q,SANTOSH M,et al. The Carlin-type gold deposits of the "golden triangle" of SW China:Pb and S isotopic constraints for the ore genesis[J]. Journal of Asian Earth Sciences,2015,103:115-128.

[113] CLARK M L R,CLINE J S,SIMON A,et al. High-grade gold deposition and collapse breccia formation,cortez hills carlin-type gold deposit,Nevada,USA [J]. Economic Geology,2017,112(4):707-740.

[114] CLAYTON R N, O'NEIL J R, MAYEDA T K. Oxygen isotope exchange between quartz and water[J]. Journal of Geophysical Research, 1972,77 (17):3057-3067.

[115] CLINE J S,HOFSTRA A A. Ore-fluid evolution at the Getchell Carlin-type gold deposit, Nevada, USA [J]. European Journal of Mineralogy, 2000, 12 (1):195-212.

[116] CLINE J S,HOFSTRA A H,MUNTEAN J L,et al. Carlin-type gold deposits in Nevada:Critical geologic characteristics and viable models[J] Economic Geology 100th anniversary volume,2005:451-484.

[117] DE ALMEIDA C M, OLIVO G R, CHOUINARD A, et al. Mineral paragenesis, alteration, and geochemistry of the two types of gold ore and the host rocks from the carlin-type deposits in the southern part of the goldstrike property, northern Nevada: implications for sources of ore-forming elements, ore genesis, and mineral exploration[J]. Economic Geology, 2010, 105(5): 971-1004.

[118] DREWS-ARMITAGE S P, ROMBERGER S B, WHITNEY C G. Clay alteration and gold deposition in the Genesis and Blue Star deposits, Eureka County, Nevada[J]. Economic Geology, 1996, 91(8): 1383-1393.

[119] DRUMMOND B, LYONS P, GOLEBY B, et al. Constraining models of the tectonic setting of the giant Olympic Dam iron oxide-copper-gold deposit, South Australia, using deep seismic reflection data[J]. Tectonophysics, 2006, 420(1/2): 91-103.

[120] EMSBO P, HOFSTRA A H, LAUHA E A, et al. Origin of high-grade gold ore, source of ore fluid components, and genesis of the meikle and neighboring carlin-type deposits, northern carlin trend, Nevada[J]. Economic Geology, 2003, 98(6): 1069-1105.

[121] EPSTEIN S, SHARP R P, GOW A J. Six-year record of oxygen and hydrogen isotope variations in South Polefirn[J]. Journal of Geophysical Research, 1965, 70(8): 1809-1814.

[122] EPSTEIN S, SHARP R P, GOW A J. Antarctic ice sheet: Stable isotope analyses of Byrd Station cores and interhemispheric climatic implications[J]. Science, 1970, 168(3939): 1570-1572.

[123] EXLEY R A, MATTEY D P, CLAGUE D A, et al. Carbon isotope systematics of a mantle "hotspot": a comparison of Loihi Seamount and MORB glasses [J]. Earth and Planetary Science Letters, 1986, 78(2/3): 189-199.

[124] FINLOW-BATES T, STUMPFL E F. The behaviour of so-called immobile elements in hydrothermally altered rocks associated with volcanogenic submarine-exhalative ore deposits[J]. Mineralium Deposita, 1981, 16(2): 319-328.

[125] FRIMMEL H E. Earth's continental crustal gold endowment[J]. Earth and Planetary Science Letters, 2008, 267(1/2): 45-55.

[126] GAO W, HU R Z, HOFSTRA A H, et al. U-Pb dating on hydrothermal rutile and monazite from the Badu gold deposit supports an Early Cretaceous age for carlin-type gold mineralization in the Youjiang Basin, southwestern China [J]. Economic Geology, 2021, 116(6): 1355-1385.

[127] GE X, SELBY D, LIU J J, et al. Genetic relationship between hydrocarbon system evolution and Carlin-type gold mineralization: Insights from ReOs pyrobitumen and pyrite geochronology in the Nanpanjiang Basin, South China [J]. Chemical Geology, 2021, 559: 119953.

[128] GIBSON G M, MEIXNER A J, WITHNALL I W, et al. Basin architecture and evolution in the Mount Isa mineral province, northern Australia: Constraints from deep seismic reflection profiling and implications for ore genesis[J]. Ore Geology Reviews, 2016, 76: 414-441.

[129] GRANT J A. Theisocon diagram; a simple solution to Gresens' equation for metasomatic alteration[J]. Economic Geology, 1986, 81(8): 1976-1982.

[130] GREGORY D D, LARGE R R, BATH A B, et al. Trace element content of pyrite from the kapai slate, St. Ives gold district, western Australia [J]. Economic Geology, 2016, 111(6): 1297-1320.

[131] GRESENS R L. Composition-volume relationships of metasomatism [J]. Chemical Geology, 1967, 2: 47-65.

[132] GROVES D I, GOLDFARB R J, GEBRE-MARIAM M, et al. Orogenic gold

deposits:a proposed classification in the context of their crustal distribution and relationship to other gold deposit types[J]. Ore Geology Reviews,1998,13(1/2/3/4/5):7-27.

[133] GU X X,ZHANG Y M,LI B H,et al. Hydrocarbon- and ore-bearing basinal fluids: a possible link between gold mineralization and hydrocarbon accumulation in the Youjiang Basin,South China[J]. Mineralium Deposita,2012,47(6):663-682.

[134] HE X H,SU W C,SHEN N P,et al. In situ multiple sulfur isotopes and chemistry of pyrite support a sedimentary source-rock model for theLinwang Carlin-type gold deposit in the Youjiang Basin, southwest China[J]. Ore Geology Reviews,2021,139:104533.

[135] HEITT D G, DUNBAR WW, THOMPSON T B, et al. Geology and geochemistry of the deep star gold deposit, carlin trend, Nevada[J]. Economic Geology,2003,98(6):1107-1135.

[136] HICKEY K A,AHMED A D,BARKER S L L,et al. Fault-controlled lateral fluid flow underneath and into a carlin-type gold deposit: Isotopic and geochemical footprints[J]. Economic Geology,2014,109(5):1431-1460.

[137] HICKEY K A, BARKER S L L, DIPPLE G M, et al. The brevity of hydrothermal fluid flow revealed by thermal halos around giant gold deposits: implications for carlin-type gold systems[J]. Economic Geology,2014,109(5):1461-1487.

[138] HOFSTRA A H. Geology and genesis of the Carlin-type gold deposits in the Jerritt Canyon district[D]. Nevada:Unpublished Ph. D,1994.

[139] HOFSTRA A H,CLINE J S. Characteristics and models for Carlin-type gold deposits[J]. Reviews in Economic Geology,2000,13:163-220.

[140] HOFSTRA A H, LEVENTHAL J S, NORTHROP H R, et al. Genesis of

sediment-hosted disseminated-gold deposits by fluid mixing and sulfidization: Chemical-reaction-path modeling of ore-depositional processes documented in the Jerritt Canyon district, Nevada[J]. Geology, 1991, 19(1): 36.

[141] HOFSTRA A H, SNEE L W, RYE R O, et al. Age constraints on Jerritt Canyon and other carlin-type gold deposits in the Western United States; relationship to mid-Tertiary extension and magmatism [J]. Economic Geology, 1999, 94(6): 769-802.

[142] HOU L, PENG H J, DING J, et al. Textures and in situ chemical and isotopic analyses of pyrite, Huijiabao trend, Youjiang Basin, China: Implications for paragenesis and source of sulfur [J]. Economic Geology, 2016, 111 (2): 331-353.

[143] HU R Z, FU S L, HUANG Y, et al. The giant South China Mesozoic low-temperature metallogenic domain: reviews and a new geodynamic model[J]. Journal of Asian Earth Sciences, 2017, 137: 9-34.

[144] HU R Z, SU W C, BI X W, et al. Geology and geochemistry of Carlin-type gold deposits in China[J]. Mineralium Deposita, 2002, 37(3): 378-392.

[155] HU X L, ZENG G P, ZHANG Z J, et al. Gold mineralization associated with Emeishan basaltic rocks: Mineralogical, geochemical, and isotopic evidences from the Lianhuashan ore field, southwestern Guizhou Province, China[J]. Ore Geology Reviews, 2018, 95: 604-619.

[146] HU Y Z, LIU W H, ZHANG G Q, et al. Seismic reflection profiles reveal the ore-controlling structures of carlin-style gold deposits in Lannigou gold fields, southwestern Guizhou, China [J]. Economic Geology, 2022, 117 (5): 1203-1224.

[147] HUANG Y, HU R Z, BI X W, et al. Low-temperature thermochronology of the Carlin-type gold deposits in southwestern Guizhou, China: Implications for

mineralization age and geological thermal events[J]. Ore Geology Reviews, 2019,115:103178.

[148] ILCHIK R P,BARTON M D. An amagmatic origin of carlin-type gold deposits [J]. Economic Geology,1997,92(3):269-288.

[149] JIN X Y,ZHAO J X,FENG Y X,et al. Calcite u-pb dating unravels the age and hydrothermal history of the giant Shuiyindong carlin-type gold deposit in the golden triangle, South China[J]. Economic Geology, 2021, 116(6): 1253-1265.

[150] KESLER S E,FORTUNA J,YE Z,et al. Evaluation of the role of sulfidation in deposition of gold, screamer section of thebetze-post carlin-type deposit, Nevada[J]. Economic Geology,2003,98(6):1137-1157.

[151] KESLER S E, RICIPUTI L C, YE Z J. Evidence for a magmatic origin for Carlin-type gold deposits: Isotopic composition of sulfur in theBetze-Post-Screamer Deposit, Nevada, USA[J]. Mineralium Deposita, 2005, 40(2): 127-136.

[152] MEFFRE S, LAI C K, BURRETT C, et al. Tectonics and metallogeny of mainland Southeast Asia:a review and contribution[J]. Gondwana Research, 2014,26(1):5-30.

[153] KUEHN C A,ROSE A W. Geology and geochemistry of wall-rock alteration at the Carlin gold deposit, Nevada[J]. Economic Geology, 1992, 87(7): 1697-1721.

[154] LARGE R R, HALPIN J A, DANYUSHEVSKY L V, et al. Trace element content of sedimentary pyrite as a new proxy for deep-time ocean-atmosphere evolution[J]. Earth and Planetary Science Letters,2014,389:209-220.

[155] LI J X, HU R Z, ZHAO C H, et al. Sulfur isotope and trace element compositions of pyrite determined by NanoSIMS and LA-ICP-MS: New

constraints on the genesis of the Shuiyindong Carlin-like gold deposit in SW China[J]. Mineralium Deposita,2020,55(7):1279-1298.

[156] LI J X,ZHAO C H,HUANG Y,et al. In-situ sulfur isotope and trace element of pyrite constraints on the formation and evolution of the Nibao Carlin-type gold deposit in SW China[J]. Acta Geochimica,2019,38(4):555-575.

[157] LI Z X,LI X H. Formation of the 1300-km-wide intracontinental orogen and postorogenic magmatic province in Mesozoic South China: a flat-slab subduction model[J]. Geology,2007,35(2):179.

[158] LIANG J L,LI J,LIU X M,et al. Multiple element mapping and in situ S isotopes of Au-carrying pyrite of Shuiyindong gold deposit,southwestern China using Nano SIMS:Constraints on Au sources,ore fluids,and mineralization processes[J]. Ore Geology Reviews,2020,123:103576.

[159] LIANG J L,SUN W D,ZHU S Y,et al. Mineralogical study of sediment-hosted gold deposits in the Yangshan ore field,Western Qinling Orogen, Central China[J]. Journal of Asian Earth Sciences,2014,85:40-52.

[160] LIANG Q,XIE Z J,SONG X Y,et al. Evolution of invisible Au in arsenian pyrite in carlin-type Au deposits[J]. Economic Geology,2021,116:515-526.

[161] LIN S R,HU K,CAO J,et al. Anin situ sulfur isotopic investigation of the origin of Carlin-type gold deposits in Youjiang Basin,southwest China[J]. Ore Geology Reviews,2021,134:104187.

[162] LIU S,SU W C,HU R Z,et al. Geochronological and geochemical constraints on the petrogenesis of alkaline ultramafic dykes from southwest Guizhou Province,SW China[J]. Lithos,2010,114(1/2):253-264.

[163] LÜ Q T,SHI D N,LIU Z D,et al. Crustal structure and geodynamics of the Middle and Lower reaches of Yangtze metallogenic belt and neighboring areas:insights from deep seismic reflection profiling[J]. Journal of Asian

Earth Sciences,2015,114:704-716.

[164] LUBBEN J D,CLINE J S,BARKER S L L. Ore fluid properties and sources from quartz-associated gold at the betze-post carlin-type gold deposit, Nevada,United States[J]. Economic Geology,2012,107(7):1351-1385.

[165] MALEHMIR M, HAGHPANAH V, LARIJANI B, et al. Multifaceted suppression of aggressive behavior of thyroid carcinoma by all-trans retinoic acid induced re-differentiation[J]. Molecular and Cellular Endocrinology, 2012,348(1):260-269.

[166] MUNTEAN J L. The carlin gold system:applications to exploration in Nevada and beyond[M]. // Diversity in Carlin-Style Gold Deposits. Society of Economic Geologists,2018.

[167] MUNTEAN J L,CLINE J S,SIMON A C,et al. Magmatic-hydrothermal origin of Nevada's Carlin-type gold deposits[J]. Nature Geoscience,2011,4: 122-127.

[168] NIE X,LI G Y,WANG Y,et al. Highly efficient removal of Cr(VI) by hexapod-like pyrite nanosheet clusters[J]. Journal of Hazardous Materials, 2022,424:127504.

[169] OHMOTO H. Systematics of sulfur and carbon isotopes in hydrothermal ore deposits[J]. Economic Geology,1972,67(5):551-578.

[170] OHMOTO H,GOLDHABER M B. Sulfur and carbon isotopes [M]. New York:John Wiley & Sons,1997.

[171] PENG Y W,GU X X,ZHANG Y M,et al. Ore-forming process of the Huijiabao gold district,southwestern Guizhou Province,China:Evidence from fluid inclusions and stable isotopes[J]. Journal of Asian Earth Sciences, 2014,93:89-101.

[172] PETERS S G,ARMSTRONG A K,HARRIS A G,et al. Biostratigraphy and

structure of Paleozoic host rocks and their relationshipto carlin-type gold deposits in the jerritt canyon mining district, Nevada[J]. Economic Geology, 2003, 98(2):317-337.

[173] PETERS S G, HUANG J Z, LI Z P, et al. Sedimentary rock-hosted Au deposits of the Dian-Qian-Gui area, Guizhou, and Yunnan Provinces, and Guangxi District, China[J]. Ore Geology Reviews, 2007, 31(1/2/3/4): 170-204.

[174] PI Q H, HU R Z, XIONG B, et al. In situ SIMS U-Pb dating of hydrothermal rutile: reliable age for the Zhesang Carlin-type gold deposit in the golden triangle region, SW China[J]. Mineralium Deposita, 2017, 52(8): 1179-1190.

[175] RADTKE A S, HEROPOULOS C, FABBI B P, et al. Data on major and minor elements in host rocks and ores, Carlin Gold Deposit, Nevada[J]. Economic Geology, 1972, 67(7):975-978.

[176] RESSEL M W. Igneous geology of the carlin trend, Nevada: Development of the Eocene plutonic complex and significance for carlin-type gold deposits [J]. Economic Geology, 2006, 101(2):347-383.

[177] ROLLINSON H R. Using geochemical data: evaluation, presentation, interpretation[M]. London: Longman Scientific and Technical, 1993.

[178] RUBIN J N, HENRY C D, PRICE J G. The mobility of zirconium and other "immobile" elements during hydrothermal alteration[J]. Chemical Geology, 1993, 110(1/2/3):29-47.

[179] SCHIDLOWSKI M. Application of stable carbon isotopes to early biochemical evolution on earth[J]. Annual Review of Earth and Planetary Sciences, 1987, 15:47-72.

[180] SCHOONEN M A A, BARNES H L. Mechanisms of pyrite and marcasite

formation from solution: III. Hydrothermal processes [J]. Geochimica et Cosmochimica Acta,1991,55(12):3491-3504.

[181] SEWARD T M. Thio complexes of gold and the transport of gold in hydrothermal ore solutions[J]. Geochimica et Cosmochimica Acta,1973,37(3):379-399.

[182] SHEPPARD S M F. Stable isotope geochemistry of fluids[J]. Physics and Chemistry of the Earth,1981,13/14:419-445.

[183] SHEPPARD S M F, EPSTEIN S. D/H and 18 ratios of minerals of possible mantle or lower crustal origin[J]. Earth and Planetary Science Letters,1970,9(3):232-239.

[184] SONG W F, WU P, LIU J Z, et al. Genesis of the Gaolong gold deposit in Northwest Guangxi Province, South China: insights from in situ trace elements and sulfur isotopes of pyrite[J]. Ore Geology Reviews,2022,143:104782.

[185] STENGER D P, KESLER S E, PELTONEN D R, et al. Deposition of gold in carlin-type deposits; the role of sulfidation and decarbonation at Twin Creeks, Nevada[J]. Economic Geology,1998,93(2):201-215.

[186] STENGER D P, KESLER S E, VENNEMANN T. Carbon and oxygen isotope zoning around Carlin-type gold deposits: a reconnaissance survey at Twin Creeks, Nevada [J]. Journal of Geochemical Exploration, 1998, 63 (2): 105-121.

[187] SU W C, DONG W D, ZHANG X C, et al. Carlin-type gold deposits in the Dian-Qian-Gui "golden triangle" of southwest China [M]. // Diversity in Carlin-Style Gold Deposits. Colorado: Society of Economic Geologists,2018.

[188] SU W, HEINRICH C A, PETTKE T, et al. Sediment-hosted gold deposits in Guizhou, China: Products of wall-rock sulfidation by deep crustal fluids[J]. Economic Geology,2009,104(1):73-93.

[189] SU W C, HU R Z, XIA B, et al. Calcite Sm-Nd isochron age of the Shuiyindong Carlin-type gold deposit, Guizhou, China[J]. Chemical Geology, 2009,258(3/4):269-274.

[190] SU W C, ZHANG H T, HU R Z, et al. Mineralogy and geochemistry of gold-bearing arsenian pyrite from the Shuiyindong Carlin-type gold deposit, Guizhou, China: Implications for gold depositional processes[J]. Mineralium Deposita, 2012, 47(6):653-662.

[191] TAN X X, et al. Two hydrothermal events at the Shuiyindong carlin-type gold deposit in southwestern China: Insight from Sm-Nd dating of fluorite and calcite[J]. Minerals, 2019, 9(4):230.

[192] TAN Q P, XIA Y, XIE Z J, et al. Migration paths and precipitation mechanisms of ore-forming fluids at the Shuiyindong Carlin-type gold deposit, Guizhou, China[J]. Ore Geology Reviews, 2015, 69:140-156.

[193] TAN Q P, XIA Y, XIE Z J, et al. S, C, O, H, and Pb isotopic studies for the Shuiyindong Carlin-type gold deposit, Southwest Guizhou, China: Constraints for ore genesis[J]. Chinese Journal of Geochemistry, 2015, 34(4):525-539.

[194] TAYLOR H P. The application of oxygen and hydrogen isotope studies to problems of hydrothermal alteration and ore deposition [J]. Economic Geology, 1974, 69(6):843-883.

[195] TAYLOR H P. Oxygen and hydrogen isotope relationships in hydrothermal ore deposits[J]. Geochemistry of hydrothermal ore deposits, 1979, 3:229-302.

[196] THEODORE T G, KOTLYAR B B, SINGER D A, et al. Applied geochemistry, geology, and mineralogy of the northernmost carlin trend, Nevada[J]. Economic Geology, 2003, 98(2):287-316.

[197] WANG Z P, TAN Q P, XIA Y, et al. Sm-Nd isochron age constraints of Au and Sb mineralization in southwestern Guizhou Province, China [J].

Minerals,2021,11(2):100.

[198] WEI D T, XIA Y, GREGORY DD, et al. Multistage pyrites in the Nibao disseminated gold deposit, southwestern Guizhou Province, China: Insights into the origin of Au from textures, in situ trace elements, and sulfur isotope analyses[J]. Ore Geology Reviews,2020,122:103446.

[199] WILLMAN M, JEDICKE R, MOSKOVITZ N, et al. Using the youngest asteroid clusters to constrain the space weathering and gardening rate on Scomplex asteroids[J]. Icarus,2010,208(2):758-772.

[200] XIE Z J, XIA Y, CLINE J S, et al. Are there carlin-type gold deposits in China? A comparison of the Guizhou, China, deposits with Nevada, USA, deposits[M]. //Diversity in Carlin-Style Gold Deposits. Colorado: Society of Economic Geologists,2018.

[201] XIE Z J, XIA Y, CLINE J S, et al. Magmatic origin for sediment-hosted Au deposits, Guizhou Province, China: in situ chemistry and sulfur isotope composition of pyrites, Shuiyindong and Jinfeng deposits [J]. Economic Geology,2018,113(7):1627-1652.

[202] XIE Z J, XIA Y, CLINE J S, et al. Comparison of the native antimony-bearing Paiting gold deposit, Guizhou Province, China, with Carlin-type gold deposits, Nevada, USA[J]. Mineralium Deposita,2017,52(1):69-84.

[203] XU H. Investigation of invisible Au in Au-bearing FeS_2 microcrystals from Carlin gold ore deposit, Nevada, USA: TEM study and geochemical modeling [J]. Geological Journal of China Universities,2000,6:532-545.

[204] YAN J, HU R Z, LIU S, et al. NanoSIMS element mapping and sulfur isotope analysis of Au-bearing pyrite from Lannigou Carlin-type Au deposit in SW China: New insights into the origin and evolution of Au-bearing fluids[J]. Ore Geology Reviews,2018,92:29-41.

[205] YAN J, MAVROGENES J A, LIU S, et al. Fluid properties and origins of the Lannigou Carlin-type gold deposit, SW China: Evidence from SHRIMP oxygen isotopes and LA-ICP-MS trace element compositions of hydrothermal quartz [J]. Journal of Geochemical Exploration, 2020, 215: 106546.

[206] YANG X Y, LIU L, LEE I, et al. A review on the Huoqiu banded iron formation (BIF), southeast margin of the North China Craton: Genesis of iron deposits and implications for exploration[J]. Ore Geology Reviews, 2014, 63: 418-443.

[207] YE Z J, KESLER S E, ESSENE E J, et al. Relation of Carlin-type gold mineralization to lithology, structure and alteration: Screamer zone, Betze-Post deposit, Nevada[J]. Mineralium Deposita, 2003, 38(1): 22-38.

[208] YIGIT O, HOFSTRA A H. Lithogeochemistry of Carlin-type gold mineralization in the Gold Bar district, Battle Mountain-Eureka trend, Nevada [J]. Ore Geology Reviews, 2003, 22(3/4): 201-224.

[209] ZARTMAN R E, HAINES S M. The plumbotectonic model for Pb isotopic systematics among major terrestrial reservoirs: a case for bi-directional transport[J]. Geochimica et Cosmochimica Acta, 1988, 52(6): 1327-1339.

[210] ZENG Y F, WENJUN L, CHEN H D, et al. Evolution of sedimentation and tectonics of the Youjiang composite basin, South China[J]. Acta Geologica Sinica-english Edition, 2009, 8: 358-371.

[211] ZHANG X C, SPIRO B, HALLS C, et al. Sediment-hosted disseminated gold deposits in southwest Guizhou, PRC: Their geological setting and origin in relation to mineralogical, fluid inclusion, and stable-isotope characteristics [J]. International Geology Review, 2003, 45(5): 407-470.

[212] ZHANG Y, TANG H S, CHEN Y J, et al. Ore geology, fluid inclusion and isotope geochemistry of the Xunyang Hg-Sb orefield, Qinling Orogen, Central

China[J]. Geological Journal,2014,49(4/5):463-481.

[213] ZHANG Y,XIA Y,SU W C,et al. Metallogenic model and prognosis of the Shuiyindong super-large strata-bound Carlin-type gold deposit, southwestern Guizhou Province,China[J]. Chinese Journal of Geochemistry,2010,29(2): 157-166.

[214] ZHAO J,LIANG J L,LI J,et al. Gold and sulfur sources of the Taipingdong Carlin-type gold deposit:Constraints from simultaneous determination of sulfur isotopes and trace elements in pyrite using nanoscale secondary ion mass spectroscopy[J]. Ore Geology Reviews,2020,117:103299.

[215] ZHENG,YANG,GAO,et al. Quartz Rb-Sr isochron ages of two type orebodies from the NiBao carlin-type gold deposit,Guizhou,China[J]. Minerals,2019, 9(7):399.

[216] ZHENG L J,TAN Q P,ZUO Y J,et al. Two hydrothermal events associated with Au mineralization in the Youjiang Basin, southwestern China[J]. Ore Geology Reviews,2022,144:104816.